Beautiful Roses

鉢バラを楽しむ

よくわかる剪定と育て方

コマツガーデン
後藤みどり

池田書店

鉢バラの魅力

全国のバラ愛好家の皆様からよく聞くのは、
「鉢植えのバラを育てているけれど、管理がよくわからない」という声です。
広いお庭がなくてもベランダでも楽しめる鉢植えのバラは、
日本の住宅事情に合っているので、
バラを栽培している方の約7割が鉢での栽培です。

この本は「いまからバラ栽培をはじめたい」
「いま育てているけれど、よくわからない」という方のために、
私のバラ栽培の経験を踏まえ、できるだけわかりやすく書きました。
月々のお手入れから、咲いたバラの楽しみ方まで集約しています。

鉢で育てられないバラはありませんが、
鉢植えに向く品種を選ぶことで、2～3年で美しいバラが楽しめます。
鉢は簡単に移動でき、一番きれいなときにお気に入りの場所で見て楽しめます。
何鉢か寄せて並べれば、立派な花壇のようになります。
植える場所がなくても、鉢ならすぐに植えられて手軽です。

最近では耐病性に優れた品種も多くなり、
消毒の手間も省けて育てやすくなっています。
はじめのうちは、そんなバラから育てるとよいですね。
少し上達したら、あまり手がかからないことは楽ですが、
逆につまらなくなるかもしれません。
ほとんどのバラは手をかけることで、原石を磨けば光る宝石のように美しく咲きます。
これが園芸のおもしろさだと感じています。

これからバラ栽培をはじめる方は、その奥深いバラと暮らす中で、
ハッとしたり、共感したり、喜んだり、悩んだり、
めまぐるしい感情の変化があるかもしれませんが、
そこがもっとも楽しいところでもあるのです。
あせらずにじっくりと取り組んでください。
この本がきっかけでバラづくりをはじめられ、
その後の生育についてもお役に立てたら幸いです。
さらに、この本を通して、バラを育てる方々とつながっていられることに感謝します。
あなたのバラが美しく咲いて、微笑みますように……。

鉢バラで素敵な庭づくり

レンガやタイルが敷かれたアプローチやテラスに、
鉢バラを置くだけで、素敵な庭が完成します。
限られたスペースでも、たくさんの品種を育てられ、豪華な演出ができます。
鉢やオーナメントに凝ってみるのも、楽しみのひとつではないでしょうか。

中田様宅

心躍るリズミカルなフロントガーデン

ひと鉢のバラからはじまる、心豊かな暮らし。冬の植え替えの時期から、どんなふうに庭のレイアウトをしようか考えるのは、とても楽しいことです。

春になって芽吹き出すと、いまかいまかと花の咲く風景を、心の中で何度も思い描いてきたことでしょう。

白い小花のミニつるバラ「雪あかり」と、銅葉のヒューケラがお互いに引き立て合って、シックな雰囲気を醸し出しています。ふたつの鉢の高さの違いが、リズミカルな印象を与えてくれます。

ここでのポイントは鉢の質感を揃えること。統一感が生まれ、イメージがまとまりやすくなります。

外のテーブルの上にはミニバラを

ミニチュアローズは2色を寄せ植えにして、愛らしくまとめています。運びやすいサイズなので、どこへでも気軽に移動できます。

鉢の中で、大らかに咲かせたメインローズ

寄せ鉢(鉢を寄せて飾る)の好例です。10号以上の大鉢で育てると、地植えと同じようなボリューム感が出て、とても見応えがあります。庭の中でもっとも目を引く場所へ、4種のバラを配置(奥はアイスバーグのスタンダード仕立て、左手前はデスデモーナ、右手前はポート サンライト、小鉢はレンゲローズ)。白色と淡いオレンジ色の2色に抑えてグラデーションを出すと、大人の気品が漂います。咲いた花の向きを意識して配置すると、素敵な演出ができます。

アイアン支柱で
スタイリッシュに

つるバラや半つるバラでなくても、支柱を立てるだけで、ボリュームが出ます。素材は竹や木でもよいのですが、アイアン支柱を使えば、よりおしゃれ度がアップします。品種はミニバラのチャーリー ブラウン

道行く人へ
バラの風景をサービス

何気ない普段の景色なのに「バラが咲くと、一気に華やかになる」とよくいわれます。通りすがりの方も足を止め、バラを介してなごやかな会話が弾み、コミュニケーションの輪が広がります。左奥はつる性バラのレイニー ブルー、手前はラ ドルチェ ヴィータです。

遠藤様宅

コンテナに混植し ローメンテナンスで

こちらのお宅は、玄関ポーチに屋根がついていて、日光は当たりますが、雨水はかかりません。バラにとっては、雨がかからないので、黒星病の予防にもなります。

12号のコンテナ（鉢）には、「シュクレ」を中心に、デルフィニュームやアンチューサなど、ブルー系の草花を添えて植えられています。

バラと草花との混植は、ともすると発育のよい植物が早く生長してしまい、他の植物に覆いかぶさって生育を妨げがちです。しかし、植物と植物の間隔をゆったり取ってあげれば、すべての植物に心地よい環境が保たれます。

家のスタイルに合わせてコンテナを選ぶことが、素敵に見せるポイントです。黒く重厚な雰囲気のコンテナを置くだけで、ステータスを感じさせます。

八木様宅

バラが咲き乱れるアプローチ＆テラス

バラたちに「おはよう」と声をかけると、「おはよう」と返してくれます。

毎年バラが咲くシーズンになると、「近くを通った方にバラが引っかかってトゲが刺さったり、蕾が折れたりしないか心配です。宅配便が届いても、門まで受け取りに行くのよ」と語ってくださいました。そのバラへの優しさが見事に表現された、華やかなアプローチです。

すべて鉢植えで構成された「ローズロード」。木立性のバラを主体に、高さのあるスタンダード仕立て（奥はオリビア ローズ オースチン、手前はアイス バーグなど）を配置して、立体的な演出をされています。

鉢を置く場所は奥行きわずか50㎝ですが、こんなにも優美なコーナーがつくれます。

玄関ドアへの道をゆっくり進めば、バラの花の香りに包まれて、家族も訪問客も思わず笑顔になるでしょう。

テラスでバラを眺める

テラスやベランダは、鉢を置くスペースが限られてしまいます。しかし、狭いスペースだからこそ、ひと鉢ひと鉢が主役となって輝くのです。少し間隔をおいてすっきり配置されています。右手前はドレッシー、右奥はシャルール、左手前はディスタントドラムス、寄せ植えはランタン シトロイユ、テーブルの上は夢乙女。午後のティータイム、バラの香りに包まれながら、家族や友達と楽しい語らいをしてもいいですね。

バードバス(水盤)にバラを浮かべて

咲き終わりに近づいたバラ(シャルール)を切って、水に浮かべてみましょう。花は早めに切ったほうが、バラの生育にはよいのです。せっかく咲いた美しいバラを、少しでも長く慈しむことができます。

CONTENTS

PART 1 鉢バラづくりの基本

PART 2 鉢バラに向く品種

PART 3

鉢バラづくり12か月

PART 4

鉢バラの育て方

PART 5 鉢バラの剪定

PART 6

鉢バラの花で暮らしを彩る

PART

1

鉢バラづくりの基本

はじめに知っていただきたい基礎知識があります。
バラの各部の名前から、花弁や花の形、
苗の選び方、必要な道具の数々をご紹介します。

各部の名前

バラの株には各部に細かく名前がつけられています。なかにはバラ特有の名前もあるため、最初に覚えておきましょう。

子房《しぼう》
ガク片《へん》
花首《はなくび》
止葉《とめば》
蕾《つぼみ》
花弁《かべん》
花冠《かかん》
節間《せっかん》
トゲ
枝《えだ》
幹《みき》
樹高《じゅこう》
花茎《かけい》
株元《かぶもと》

小葉《しょうば》
三枚葉《さんまいば》
五枚葉《ごまいば》
根鉢《ねばち》

ベーサルシュート

サイドシュート

樹形の種類

バラの樹形は3種類ありますが、ここでは鉢栽培が難しい「つる性」以外の「木立性《こだちせい》」と「半つる性」についてご紹介します。

木立性と半つる性の特徴

バラの樹形は大きく分けて「木立性（ブッシュ）」「半つる性（シュラブ）」「つる性（クライミング）」の3種類があります。

まず、木立性ですが、これは枝が堅く自立するタイプ。樹高が低めで、誘引の必要がなく、初心者でも扱いやすい樹形といえます。しかも、「四季咲き」の品種が多いです。

半つる性は、つるが伸長するタイプです。その長さに合わせて、トレリスやオベリスクなどに仕立てられます。また、剪定によって木立性にも、半つる性にも、両方に仕立てられる柔軟性もあります。冬に短く剪定すれば、春に木立仕立てで楽しみ、秋につるが伸びてきたら、半つる仕立てにすることもできます。

半つる性の品種は丈夫なものが多く、育てやすいのが特徴です。「繰り返し咲き」や「返り咲き」をはじめ、「四季咲き」の品種もあります。

半つる性（トレリス仕立て）

夢乙女

半つる性（オベリスク仕立て）

レイニー ブルー

樹形の分類としては、枝がまっすぐ伸びる「直立性」と、枝が横に広がって伸びる「横張り性」があります。

木立性

マチネ

開花のサイクル

年間に咲く回数が多い順に「四季咲き」「繰り返し咲き」「返り咲き」「一季咲き」があります。

四季咲き：四季咲きといっても、夏はあまりきれいな花が咲かない品種が多く、実際には春～初冬に楽しめる。

繰り返し咲き：四季咲きに比べると、春以外は少なめに咲く。

返り咲き：春に咲き、初夏～秋にも少しだけ咲く。

一季咲き：つる性やオールドローズの一部は、春～初夏に1回だけ咲く。

なお、四季咲きの中には、花もちがよく連続開花性が強い「ローズ うらら」や「チェリー ボニカ」などもあり、花が少ない時期（夏や初冬）も、庭を華やかに彩ってくれます。

ローズ うらら

花弁の形・花の形

咲きはじめは「カップ咲き」や「剣弁咲き」で、咲き進むと「ロゼット咲き」になる品種もあります。

花弁の形

花弁の形：丸弁《まるべん》

きれいに丸く整った花弁の縁。優しく包み込まれるようなイメージ。

レオナルド ダ ビンチ

花弁の形：半剣弁《はんけんべん》

花弁の縁がゆるやかに尖りながらも、剣弁のようなシャープさは薄れる。

エリナ

花弁の形：剣弁《けんべん》

花弁の先端が剣のように尖って見えるのは、花弁が左右に外側へ反り返っているから。

ウェディング ベルズ

花の形

花の形：ディープカップ咲《ざ》き

花芯を包むようにカップが深く、コロンとしている。花弁数が多い品種によく見られる。

イブ ピアジェ

花の形：カップ咲《ざ》き

横から見ると、丸いカップのように、きれいな形に整い、ふんわりと咲く。

オリビア ローズ
オースチン

花の形：高芯《こうしん》咲《ざ》き

花芯が高く盛り上がっている。古くからある品種に多く、高貴な雰囲気。

プリエール

花弁の枚数

花弁の枚数：八重《やえ》咲《ざ》き

花弁数が100枚以上ある品種もある。とても豪華で、優美な花が多い。

メルヘン ツァウバー

花弁の枚数：半八重《はんやえ》咲《ざ》き

花弁数が少なく、花芯が見える。横から見ると一重咲きより花弁数が多く、厚みがある。雨に強い。

バーガンディー アイスバーグ

花弁の枚数：一重《ひとえ》咲《ざ》き

五弁の花が多く、花芯が見える。原種にはこの咲き方が多いが、新品種もある。

キフツ ゲート

花弁の形：宝珠弁《ほうじゅべん》

頭部が尖った宝珠のように、花弁の縁の真ん中が、少しだけ尖っている。

シャリマー

花弁の形：切《き》れ込《こ》み弁《べん》

花弁の縁の細かい切れ込みは、ピンキングバサミで切ったかのよう。

ベン ウェザー スタッフ

花弁の形：波状弁《はじょうべん》

波打つような形の花弁の縁。まるでフリルみたいにエレガントな印象。

コリーヌ ルージュ

花の形：ポンポン咲《ざ》き

小さな花弁が丸く集まって咲く。横から見るとポンポンのように半球状になる。

ザ フェアリー

花の形：平《ひら》咲《ざ》き

横から見ると、花弁が平らになっている。花芯がよく見える。

緑光《りょっこう》

花の形：ロゼット咲《ざ》き

外側の花弁が大きく広がり、花芯へ向けてクシュクシュと細かく花弁が詰まっている。

メアリー レノックス

他の花に似ているバラ

バラの花なのに、他の花のように咲く品種もあります。

シャクヤク咲《ざ》き

シャクヤクは英語でピオニー。ふんわり咲く大輪の花には、スプレー状の濃淡が入る。

ホリデー アイランド ピオニー

カーネーション咲《ざ》き

花の形やガクまで、カーネーションにそっくり。ピンク色や赤色の品種もある。

ホワイト グルーテン ドルスト

サクラ咲《ざ》き

「サクリーナ」はフランス語で「サクラのような」の意。淡い五弁の花びらに、サクラの面影が重なる。

ピンク サクリーナ

花の咲き方・大きさ

どのバラをわが家にお迎えするかを考えるとき、花の咲き方と大きさは、選ぶ重要な要素になります。

花の咲き方

枝先に1輪ずつ咲く「単花咲き」と、数輪咲く「房咲き」があります。花がら切りの仕方が異なるので注意が必要です（→P86）。

房咲き（フロリバンダ系、シュラブ系、ポリアンサ系）

中輪・中小輪の花が、枝先に
ブーケのようにまとまって咲きます。

コリン クレイヴン

クオーレ

単花咲き（ハイブリッドティー系）

大輪の花が、枝先に一輪だけ
豪華に咲きます。

ビブラ マリエ！

花の大きさ

同じバラでも、品種によって大きさはかなり異なります。花の大きさは好みが分かれますが、いろいろな大きさのバラを組み合わせて植えれば変化が楽しめます。

大輪（花径9～14㎝）

プリンセス シャルレーヌ ドゥ モナコ

巨大輪（花径15㎝以上）

プリンセス アレキサンドラ オブ ケント

小輪（花径3㎝以下）

夢乙女

中小輪（花径4～5㎝）

コーネリア

中輪（花径6～8㎝）

マチルダ

※育てる環境や、バラの個体差による違いもあります。

花の色

季節（春・秋）などによる花色の違いや、複色による微妙なニュアンスも楽しめます。

花の微妙な色合い

園芸品種のバラは人工的につくられた植物なので、人の望みを反映して色数はどんな草花よりも豊富です。赤、ピンク、白、紫、黄、オレンジ、緑、茶などがあり、それぞれの色の濃淡も幅があります。

さらに最近は1色だけではなく、複色のバラもあります。絞り模様や覆輪など、ニュアンスがあるものも魅力です。なかにはグレーテルのように、咲き進むにつれて、淡い色から濃い色へと変わっていくバラもあります。

バラはすべての色が揃っているかに思えますが、実は青だけがこの世にまだ存在しません。ブルー グラビティ（→P57）のように青に近い色はありますが、薄紫色に近く、まだ道半ばという感じです。青いバラの花言葉は「夢かなう」。いつの日か、本当に青いバラを見られる日がくるかもしれません。

季節による花色の違い

花色は季節によって微妙に変わり、春よりも秋のほうが色が濃くなる傾向です。色調も変化し、春はピンクなのに、秋になるとモーヴ（くすんだ）ピンクになる品種もあります。

それが顕著なのが、クードゥ クールです。春花は灰色っぽいピンク色ですが、秋花はピンクの色が濃くなります。

季節によって花色が変わるのも、バラならではの魅力です。

クードゥ クール

春花

秋花

複色のバラの魅力

絞り染めのように複数の色が入る「絞り模様」や、花弁の縁に他の色が入る「覆輪」などがあります。

絞り模様（ソフト）

マルク シャガール

絞り模様（くっきり）

フレジェ

覆輪（縁取り）

プリンセス ドゥ モナコ

開花経過で色変

グレーテル

苗の種類と選び方

バラの苗は大きく分けて「新苗」と「大苗」の2種類があります。それぞれの苗の種類ごとに、選び方が異なります。

「新苗」と「大苗」の成り立ち

　園芸用のバラの増殖の方法として、主なものに「挿し木」と「接《つ》ぎ木（切り接ぎ、芽接ぎ）」があります。挿し木苗（自根《じこん》）で育てたものより、接ぎ木苗で育てたほうが丈夫な根が育ち、はるかに生長が早いです。根の違いは、後々の生長を大きく左右します。

　台木に接ぎ木された苗で生育期間が短く、若い苗は「新苗」（1年生苗）と呼び、3～6月に販売されています。さらに、新苗を半年間畑で育てて枝を木質化させ、根や枝も新苗より太くなった苗を「大苗」（2年生苗）と呼びます。

「新苗」は台木に接ぎ木されてから、3～7か月で苗として販売されます。生育期間が短いため、取り扱いには特に注意が必要です。苗をポットから抜くときは、根鉢ができてから行うと、根を傷める心配がありません。

　接ぎ口部分は離れやすいので、支柱がしてあったり、ビニールテープを巻かれていたりします。

新苗　切り接ぎ（1年生苗）

冬期に台木に枝を接ぎ木し、加湿して育てる。ビニールテープが接ぎ口に巻いてあり、ロウづけしてある。

選び方

- しおれていない
- 枝や葉に傷がない
- 節間が間のびせず、しっかりしている
- 病害虫がついていない
- 葉がしっかりついている

※節間：枝に葉がついた部分を節という。節間とは、節と節との間のことを指します。

新苗　芽接ぎ（1年生苗）

晩夏から秋に台木に芽を入れて活着させ、翌春に芽を伸ばし出す。活着から芽出しまでの期間が長いぶん、切り接ぎよりも初期の勢いはよい。

選び方

- しおれていない
- 枝や葉に傷がない
- 支柱の長さと同じくらい伸びている
- 株元に根頭（こんとう）がん腫病（→P108）がない
- 病害虫がついていない
- 葉がしっかりついている

春の大苗（2年生苗）

接ぎ木された新苗を、約半年育てあげた苗。シュート（→P88）に近い立派な枝もあって丈夫。

選び方

- 堅く太い枝（直径約1㎝）がある（品種により太さの差はある）
- 枝や葉に傷や病害虫の跡がない
- 株元に穴や裂けているところがない
- 葉がしおれていない

秋までは外さないようにしましょう。

新苗は病気にかかりやすい傾向があり、大苗を育てるときよりも、細かい配慮が必要になります。

苗が出まわる時期	
新苗	3〜6月
春の大苗	4〜6月
開花苗	一年中
中苗	6〜10月 ※メーカーにより多少異なる
晩秋〜冬の大苗	10〜3月
長尺苗	一年中

※鉢植えは根鉢ができているので、一年中いつでも移植が可能です。冬以外は根を切らないので、その後の生育もよいです。

ル ポール ロマンティーク

マイ ディア

アイ ウィル

エンジェル スマイル

長尺苗

つる性、半つる性のバラを1.0〜1.8mくらいまで伸ばした状態の苗。支柱に沿わせてある。

選び方

- 葉がしおれていない
- 病害虫がついていない
- 株元に根頭がん腫病（→P108）
- 枝がしっかりとして堅く、太めの枝（直径2〜5㎝。品種によって異なる）が1〜2本ある

晩秋〜冬の大苗

枝を切り詰め、葉は取ってある。品種により枝の太さは違うが、堅く太めの枝（直径約1㎝）がある。株元の台木は新苗のときより太く、根も太く多い。

選び方

- 枝にシワが寄っていない
- 枝に傷がない、裂けた部分がない、穴が空いていない
- 台木が太くしっかりしている

中苗

早春〜晩春に出まわる新苗を、鉢増しして育てた苗。新苗より大きく枝数もあり、大苗よりは枝が細め。

選び方

- 葉がしおれていない
- 枝や葉に傷がない
- 節間が間のびせず、しっかりしている
- 病害虫がついていない
- 葉がしっかりついている

開花苗（3年生苗）

大苗を約3年以上育てた苗。シュートもあり、整枝して立派な開花株になっている。鉢のサイズは品種や大きさで異なる。購入してすぐ花を楽しめる。（蕾を取って生長させなくてもよい）。

選び方

- 枝が太く、樹形の幅もあり、全体にバランスがとれている
- 生育期なら葉が茂っている
- 株元に根頭がん腫病（→P108）がない
- 病害虫がついていない
- 根詰まりしていない

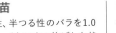

よい苗の見分け方

現物を見ないで購入するインターネット販売も増えましたが、店頭で購入する際には、見分け方を知っておくとよいでしょう。

バラ苗の生産者の心情

バラ苗の生産者は、当然のことながら良質の苗を育てて仕上げることを使命としています。平均的な規格に収まる大きさの苗を、8割つくることを目標としています。特別に大きい苗をつくることをめざしているわけではありません。

バラは品種が多いので、育てるだけでもコストと時間がかかります。そのため、特別なことにまで手がまわりません。連作できないので、常に場所を変えて栽培しますが、はじめて植える畑では、予期しないことがたくさん起こります。こうした条件下で、ベストな苗に仕上げなければならないのです。

苗は風の吹くほうになびき、光の強いほうへ伸びます。苗の形は品種や育てる条件で違ってきます。形よく、太く、堅い枝で、5月に花のたくさん咲く苗を、6か月で仕上げるのは無理なことです。人間にたとえると新苗は幼児、大苗でも中学生ぐらいです。

花の形、花弁数、色についても、2～3年間苗を育て上げてこそ、本来の姿を見せてくれるのです。新苗・大苗は完成品とはいえないので、育てていく楽しさを味わってください。はじめからすべてを望まず、まずじっくり向き合ってバラの声を聞いてみましょう。そこから本当の育てる楽しさが生まれます。

苗の形にこだわらない

店頭で接客していると「よい苗を選んでいただけませんか」と声をかけられます。もちろん快く対応しますが、そもそも、悪い苗は店頭には並べません。多少の優劣はあっても、個体差であったりするだけです。

私は台木の太めの株を選びます。なぜなら、根の生育がまず大事だからです。すると「枝ぶりはこちらのほうがよさそうですが……」といわれます。すかさず「この枝を太くして樹形をつくるのではありません。この枝からたくさんの葉を出して、さらにもっと太い枝（ベーサルシュート）を出してから、その太い枝を主幹として、形を新しくつくるのですよ」とお教えします。

このやりとりは、いつものことです。大苗の形は、苗を選ぶときの重要なポイントではありません。バラ界の大先輩は「堅い太い枝が1本あればよい」とおっしゃっています。その通りだと私も思いますので、形は気にせずにバラの苗を選んでください。

葉のある時期の購入がおすすめ

植物に関して右も左もわからない方、また、バラ栽培ははじめてという方には、葉のある時期に購入することをおすすめします。その時期は5～10月で、バラが生育している時期です。なぜなら、冬期に並んでいる葉がまったくない枝だけの苗を見ても、枝がしおれているかどうかの判断をしかねるからです。

○ 張りのある葉が出ている苗

× 枝先が枯れ込んでいる苗

ときどきそんな苗を、バラに限らず目にすることがあります。知らずに買ってしまって、春になっても芽が出ず、茶色くなっていく枝を見るのは、とてもつらいものです。

葉が出ていて、ピンと張りのある葉なら、まず枯れることはありません。ただ、買ったら、すぐにお手入れが必要になります。勢いよく伸びる生育期ですから、水も肥料も欲しがります。伸びたら病害虫が寄ってきます。防除の方法を心得ていれば、今後も丈夫な株に育ってくれるでしょう。

バラづくりの道具

こだわりの道具を揃えるのも楽しみのひとつ。
選び抜かれた道具を使えば、作業がスムーズに進みます。

手前の白いバラは「マダム サチ」、左奥の濃いローズ色のバラは「つる ローズ うらら」です。

装備

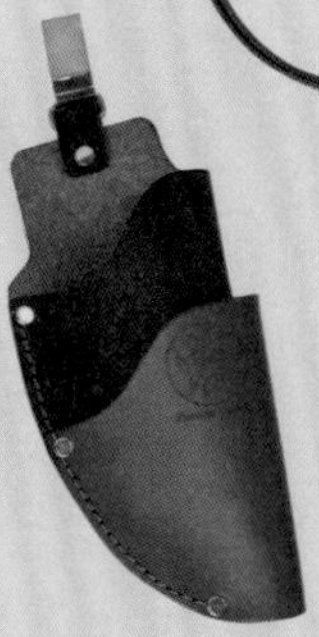

ハサミケース

バラ栽培の必須アイテム。革製で留め金が雨や水に強く、破れにくく掃除がしやすいものがおすすめです。（写真左）フックつきで、ベルトに着脱しやすい。（写真右）小物も入れられ、肩や腰に負担が少ないショルダータイプと、ウエストポーチタイプの両方に使えます。

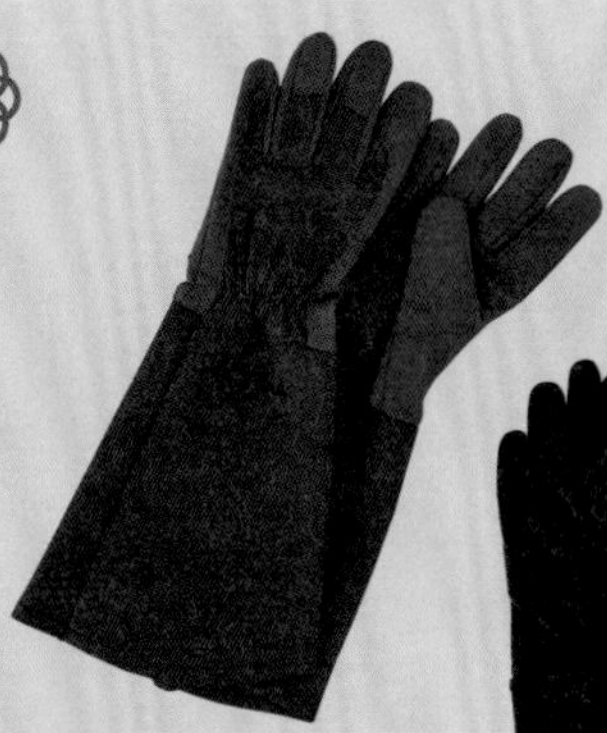

ローズグローブ

バラのトゲから手を守るための手袋です。両面が革製のタイプが、トゲから手を守るのでおすすめ。指先が余らず、手に合うものを探しましょう。（写真左）夏は半袖の場合も多いので、ひじまである長いものもあると便利。（写真右）誘引などの細かい作業時は、手首にジッパーがついていると、手にフィットして作業効率が上がります。

花かご（トラッグ）

活けるための花を切ったり、花がら切りなどをするときに使います。ちょっとした剪定にも便利。（写真左）プラスチック製は水で洗えて、清潔に使えます。（写真右）木製はおしゃれな雰囲気が魅力。使うほどに深みのある色合いになります。

水やりの道具

ジョウロ、散水リール

水やりは、バラの生育を大きく左右する大事な作業です。ハス口（先端の水が出る部分）にはこだわって、細かいシャワーが均等に出るタイプがおすすめ。用土を崩さず、水が均等に行き渡ります。（写真左）ジョウロは、鉢の数が少ない場合や、液肥などを与えるときに便利。（写真右）散水リールは、鉢の数が多い場合、効率よく水やりができます。

剪定の道具

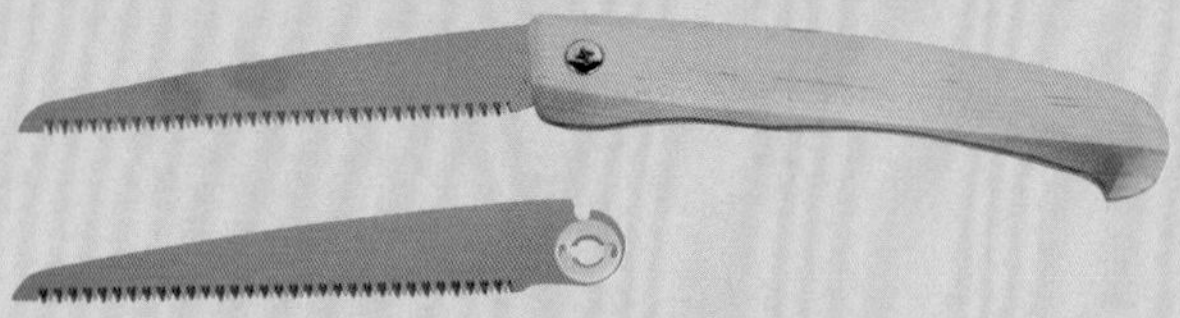

小型ノコギリ（替え刃あり）

バラの根元に枝が多くなると、剪定バサミが入りづらくなります。小型ノコギリ（刃渡り10㎝）を使えば、狭い部分にも刃が入り、スムーズに切れます。別売りの替え刃を定期的に交換すれば、切れ味をキープできます。

刃物用ヤニ落とし

剪定バサミやノコギリは、使うとすぐにヤニがつき、切りづらくなります。

道具を使うたびに、ヤニ落としスプレーをかけ、乾いたやわらかい布で拭き取りましょう。サッと拭くだけで新品同様になります。その後は植物性油を差しておきます。道具のお手入れが楽しくなる一品です。

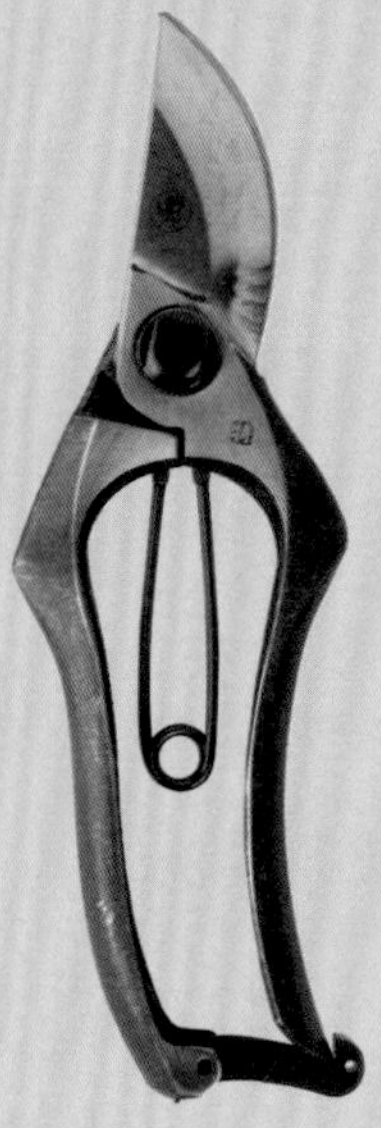

剪定バサミ

購入する前に、必ず手に取ってみましょう。実際に切るときの動作をしてみると、自分の手に合うかどうかを確認できます。また、種類によって、重さが微妙に異なることもわかります。

※左利き用もあります。

植え替えの道具

スパチュラ

鉢から根鉢を抜くのは大変な作業です。このスパチュラを鉢の周囲に差し込んで一周すると、根鉢を簡単に抜き出すことができます。草花の根切りにも使えます。

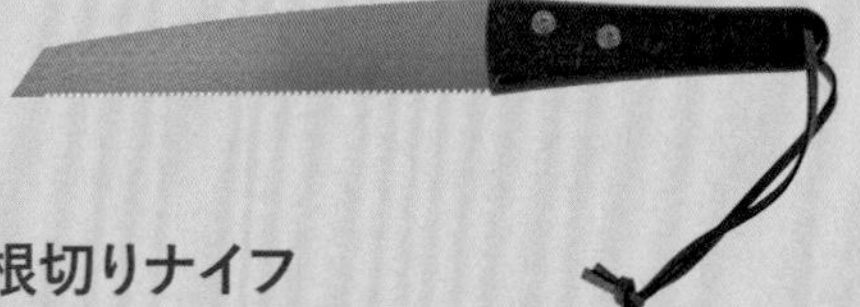

根切りナイフ

冬場の植え替え作業で、大活躍の根切りナイフです。バラの根鉢はほぐれづらく、切り取るには時間と手間がかかります。このナイフならスパッと切れて、根を傷めることもありません。

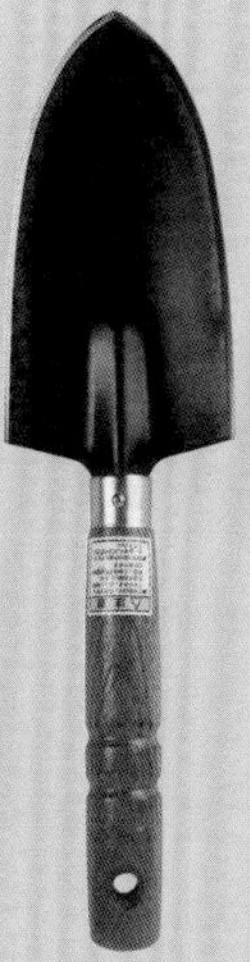

移植ゴテ

バラを地面に植えるときは、大きいスコップが必要ですが、鉢植えのバラの植え替えは、片手で持てる小さいタイプの移植ゴテで十分です。持ってみて、手に馴染むものを購入しましょう。

土入れ

鉢に用土を入れるときに使います。また、鉢の底に用土と肥料を入れて混ぜるときにも重宝します。小型の鉢の場合は、小さいサイズがおすすめ。鉢の大きさによって、使い分けましょう。

根かき棒

植え替えの途中で、根と根のすき間に用土を入れ込むときに使います(→P99)。また、鉢から抜いたばかりの堅い根鉢をほぐすときにも使います。

さらに、夏場に表土のエアレーション(穴を開けて空気を通す)をするときにも使います。

鉢底ネット

鉢の底穴をふさぎ、害虫の侵入を防ぎます。

トレイ

トレイの上で植え替え作業(→P92、P100～103：グリーンを使用)をすれば、周囲に用土が散らからず、後片づけがとても楽になります。また、上段が三分割されているものは、小さな道具を仮置きすることができて便利です。

鉢の種類

プラスチック鉢

鉢に用土が入ると、かなり重くなります。プラスチック鉢なら、用土が入っても軽くて扱いやすく、移動も楽です。

底面にスリットが多く、水はけがよい設計になっています。この形状の鉢底の場合、鉢底ネットは必要ありません。

ファイバークレイ鉢

ガラスを樹脂で固めた素材で、素焼き鉢のような質感が魅力です。見た目よりも軽量です。耐久性は3〜5年。大きいサイズのバラを植えるのに適しています。

キャスター付鉢用スタンド

運ぶのにとても便利。ベランダでも掃除がしやすいです。

ミニチュア、ポリアンサ用の小さい鉢

デザインや色が豊富なので、
バラの品種や置き場所に合わせて選ぶとよいでしょう。

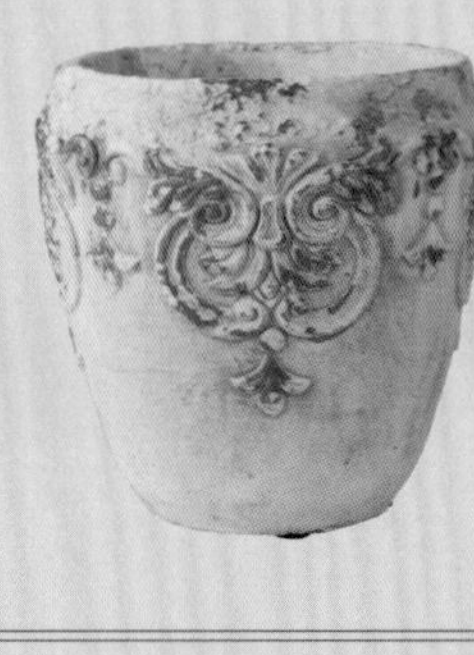

ウィッチフォードポタリーの素焼き鉢

イギリスのコッツウォルズにある、ウィッチフォード村でつくられています。世界中の園芸愛好家（ガーデナー）垂涎の的。日本の備前焼のように1000℃以上の高温で焼き上げられ、冬の凍結にも耐えます。素焼き鉢は、植物の緑を美しく魅せてくれる色です。熟練の職人さんによるハンドメイドで、一つひとつに愛情が込められ、何年もバラが健やかにたくましく育ってくれます。

素焼き鉢

使い込むほどに風合いが出ます。用土の水分量が適度に保たれ、熱を通しにくく、バラがよく育ちます。高級感がありますが、重いので扱うのが大変です。冬は凍るとヒビ割れてしまうことがあります。

プラスチック製と素焼き製の鉢、どちらを選ぶ？

	プラスチック製	素焼き製
見た目	軽やかな印象	高級感がある
使い勝手	軽い	重い
耐久性（短期）	割れにくい	割れやすい ※ウィッチフォードは割れにくいです。
耐久性（長期）	数年で割れたり、色落ちする	使い込むほど風合いが出る
鉢の水分	用土が乾きづらい	用土の水分が適度に保たれる
外気の影響	熱を通しやすい	熱を通しにくい
価格	安価	ウィッチフォードは高価

鉢色の選び方

鉢の素材やデザインの次に、大切なのは色です。バラの鉢は面積が広く「花が咲いているとき・咲いていないとき・冬の枝のみのとき」に、鉢の見え方がそれぞれ異なります。

　鉢の色を選ぶときは、周囲との調和が大切です。また、何鉢か並べる場合は、形が異なっていても、色を揃えるだけで統一感があって素敵です。衝動買いせずに、じっくり選びましょう。

白っぽい背景の場合

軽やかな白い鉢が背景に溶け込む

重厚な黒い鉢が目立つ

誘引の道具類

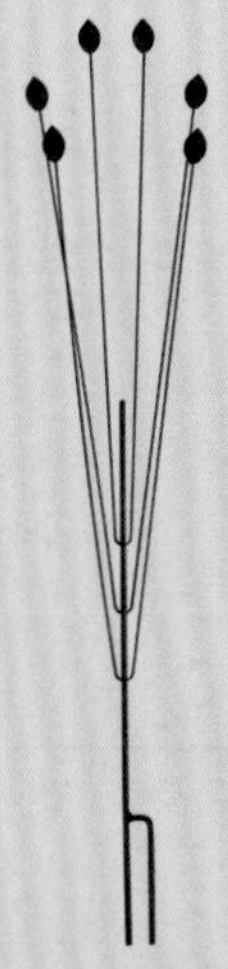

トレリス
鉢に植えたバラの手前に立てて使います。思い通りに曲げることができ、曲げた後も形をキープできます（使用例→P126、144）。

麻ひも
やわらかく、結びやすい自然素材のひもです。

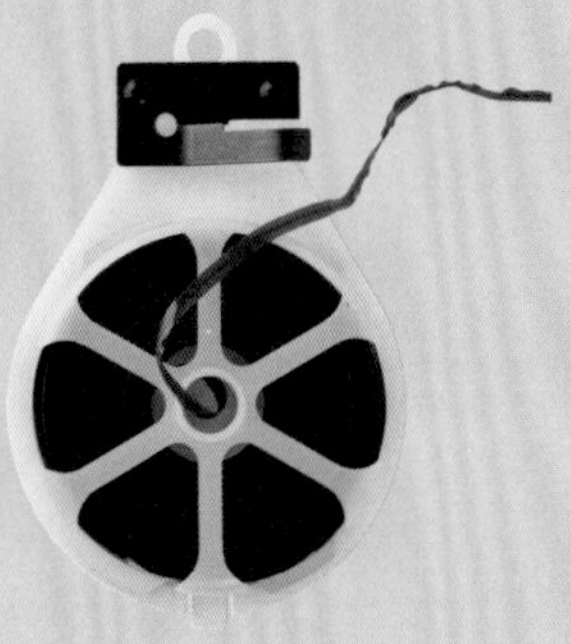

ビニタイ
針金をビニールで包んであるので、片手で簡単に誘引できます。枝にくい込まないように、ときどきチェックしましょう。

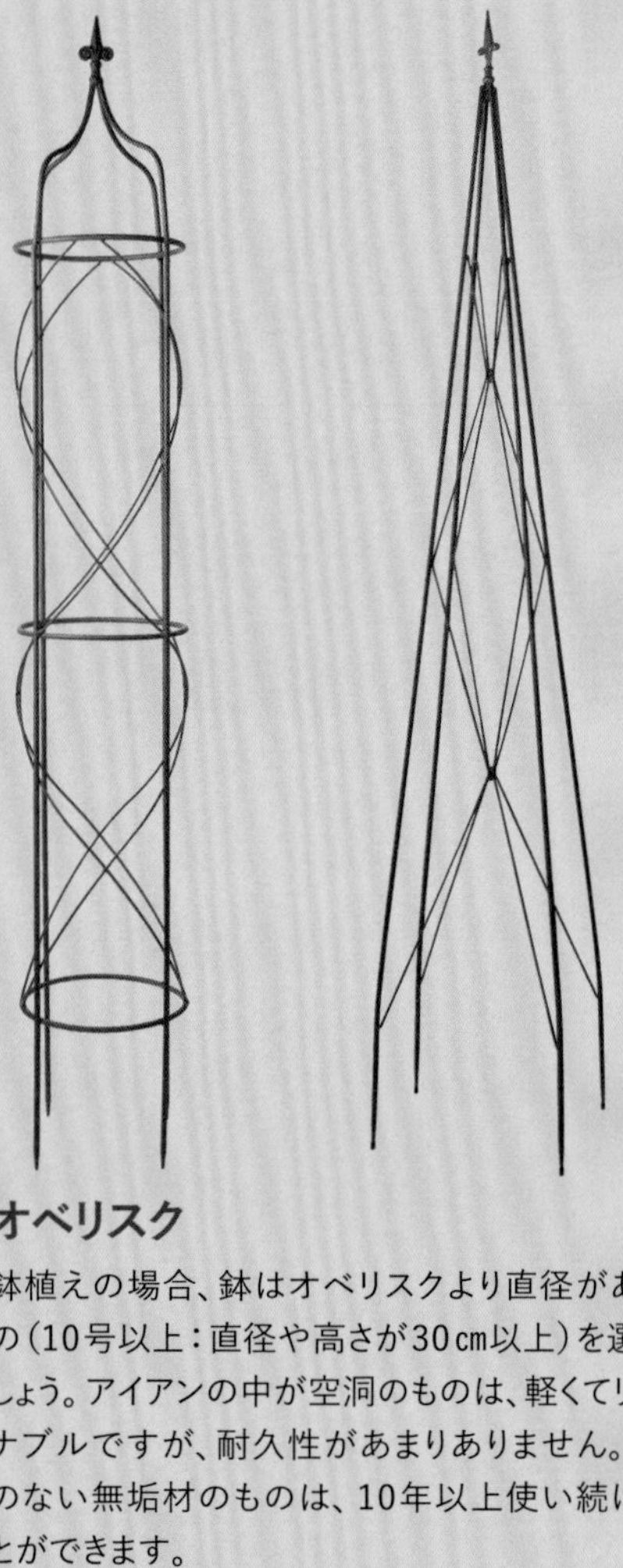

オベリスク
鉢植えの場合、鉢はオベリスクより直径があるもの（10号以上：直径や高さが30㎝以上）を選びましょう。アイアンの中が空洞のものは、軽くてリーズナブルですが、耐久性があまりありません。空洞のない無垢材のものは、10年以上使い続けることができます。

アクセサリー類

鉢スタンド
アイアンのスタンドは伸縮性があり、鉢にフィット。夏の地面の暑さからもバラを守ります。他の鉢との高低差を出すことができ、庭を立体的に演出できます。素焼き鉢にも使用可です。

ポットフィート
鉢の底に差し込むと通気性がよく、暑い夏などは地面からの熱が伝わりにくくなります（使用例→P90）。さらに、地面から浮くことで、害虫の侵入を防ぐことができます。

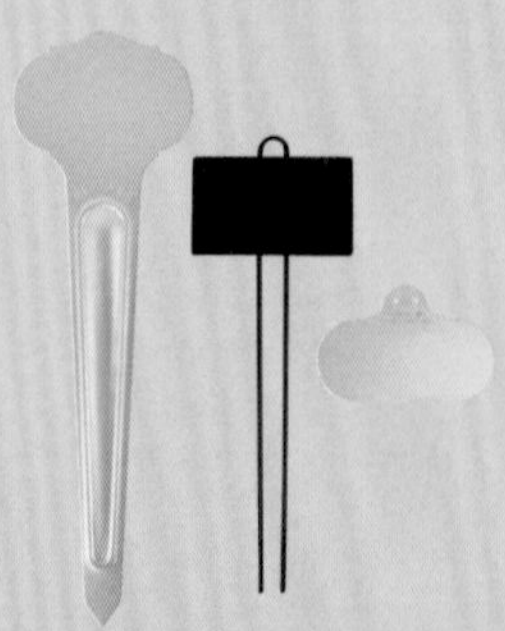

ネームプレート
バラの名前を書き込んでおけば、花や葉がない時期も迷いません。

PART

2

鉢バラに向く品種

バラを選ぶときの基準は、育てやすさをはじめ、
自宅の環境（暑い・寒い）に合う品種か、
素敵な香りや姿かなど、いろいろあります。

※香りの感じ方には個人差があります。季節、温度、
株の状態によっても、微妙に香りが異なります。

品種の選び方

世界中でバラの品種は5万種以上、日本での販売は千～2千種あります。

環境に合わせた品種選び

「美しい花をたくさん咲かせて、楽しみたい！」と思うなら、品種を選ぶ前にまず考えてみてください。「あなたの庭やベランダは、バラにとって居心地のよい環境ですか」。

もし、半日陰の庭なら、耐陰性のある品種を選ぶ必要があります。また、寒冷地にお住まいなら、その地で育つ耐寒性のある品種を選ばなくてはなりません。

そして、大事なことは「薬剤散布ができるか、できないか」です。近年、耐病性をもつバラは増えてきましたが、まだまだ十分とはいえず、限られた品種の中からしか選べません。

耐陰性のある品種（例）

マチネ
（→P49）

ピンク サクリーナ
（→P51）

チェリー ボニカ
（→P38）

耐病性のある品種（例）

ペネロペイア
（→P65）

ティップン トップ
（→P53）

マイ ローズ
（→P42）

庭のスタイルに合わせる

赤、白、黄と、バラのコレクターなら端から集めればよいのですが、庭やベランダではスペースに限りがあります。まず、バラの花（顔）だけにとらわれず、庭やベランダの全体のスタイルを見て品種を決めたほうが、その場所に似合うバラを選べるでしょう。

好みの色や香りのバラを主役にして、どんな脇役を合わせるかを考えます。また、外壁の色やデッキの色、あなたが育てようとしている場所の色をよく見てください。どんな色のバラが一番似合うでしょうか。

受賞や殿堂入りのバラ

バラの世界にもコンクールがいくつかあります。たとえば、日本の「国際香りのばら新品種コンクール」。新規性のある新品種を対象に、香り、耐病性、樹形、花形、色などのバランスのとれた品種に金・銀・銅の賞が贈られます。

さらに、ドイツのADR※も有名。また、3～4年に1回、各国で世界バラ会議が開かれ、殿堂入りのバラが選ばれます。このようなバラなら、安心感もあり、選びやすいかもしれません。

※ドイツで耐病害虫性・耐寒性を重視して審査され、合格すると授与される。

新品種の発表会や講演会へ行く

毎年、春や秋には、バラの新品種発表会のようなイベントがあります。トークショーでは、新品種の特徴、チャームポイント、育て方のコツ、育ててみた感想など、生産者から生の声を聞くことができます。

バラの苗のラベルには書ききれない魅力を直接聞くことができ、バラ選びの参考になります。

発表されたばかりの新品種が、全国から切り花で集まり、いち早く実物を見ることができる。

バラ専門誌やカタログを見る

園芸書の中でも、特にバラの本は人気で、春や秋は出版社がこぞって、バラの特集を組み、冊子や雑誌が書店に並びます。これも品種選びの情報源となります。

さらに、バラ・メーカーが運営するネットサイトをのぞいたり、カタログを見たりすると、バラ選びに役立ちます。

バラ専門誌「New Roses」

コマツガーデンのカタログ

強くて育てやすい

ヨーロッパを中心に世界的な流れとして、
病気に強くて育てやすい品種の育種が盛んです。
忙しくて手入れが難しい方でも、
バラ栽培ができるような時代になってきました。
耐病性に優れたバラを選び２年間育てれば、低農薬や無農薬でも、
病気で葉を落とすことなく、美しい花を咲かせてくれます。

アンクレット

咲きはじめはカップ咲きで、咲き進むと花弁先が波打ち、ロゼット咲きになる。秋は深いカップ咲きになる。モダン・ダマスク香の強香。枝は細めで節間が長く、波打つ葉は下向きで、華奢なイメージの樹形になる。コンパクトで木立性品種のように扱え、鉢栽培に向く。

分類	シュラブ
樹形	半直立性
樹高×幅	1.2m×1.0m
開花習性	四季咲き
花形	ロゼット咲き（3～5輪の房咲き）
花色	赤紫色
芳香	強香（モダン・ダマスク香）
花径	8㎝
樹勢／耐病性	普通／強い
作出	コマツガーデン櫻井哲哉：日本（2020年）

ジュール ヴェルヌ

花はソフトなアプリコット色で、中心にいくほど濃くなる。フルーツ香の強香。耐病性が強く、初心者にも育てやすい。一年を通して美しさを継続し、よく咲き続ける。コンパクトで木立性品種のように扱え、鉢栽培に向く。少し枝を伸ばせば、低めのフェンス仕立てにもできる。

分類	シュラブ
樹形	横張り性
樹高×幅	1.5m×1.0m
開花習性	四季咲き
花形	ロゼット咲き（2～5輪の房咲き）
花色	オレンジ色系アプリコット色
芳香	強香（フルーツ香）
花径	7㎝
樹勢／耐病性	強い／強い
作出	木村卓功：日本（2020年）

ボレロ

花の中心部に淡桃色《うすももいろ》がのり、低温時は濃くのる。花弁は薄く繊細だが、雨には弱くない。フルーツ香の超強香。耐病性があるが、夏の暑さで下葉を落とすこともある。コンパクトで、鉢植えに向く。ベーサルシュートの発生が弱いので、冬剪定では細い枝だけを間引く。

分類	フロリバンダ
樹形	半横張り性
樹高×幅	1.0m×1.0m
開花習性	四季咲き
花形	ロゼット咲き（3輪くらいの房咲き）
花色	純白色に淡桃色がのる
芳香	超強香（フルーツ香）
花径	9㎝
樹勢／耐病性	普通／強い
作出	メイアン：フランス（2004年）

シャルール

咲きはじめは黄色がかったオレンジ色、咲き進むとピンクからローズレッドにだんだん濃くなる。花弁に特徴があり、少し波打ち弁先が尖ってエレガントな印象。切り花にすると、花もちがよく長く楽しめる。品種名はフランス語で「暖かさ」「ぬくもり」の意。

分類	フロリバンダ
樹形	半横張り性
樹高×幅	1.0m×1.0m
開花習性	四季咲き
花形	丸弁八重咲き（3～5輪の房咲き）
花色	ローズ色がのったオレンジ色
芳香	中香（ティー香）
花径	8㎝
樹勢／耐病性	普通／強い
作出	木村卓功：日本（2021年）

ラ ドルチェ ヴィータ

花弁の外側は少し赤みを帯びる。ティー香の中香で、花もちがよい。枝の先端の分岐がよく、株一面に花をつける。葉は濃いめの緑色で、花をよく引き立てる。コンパクトで、鉢植えに向く。冬剪定では樹高の1/2くらいを目安に切り戻す。

分類	フロリバンダ
樹形	半直立性
樹高×幅	0.8m×0.8m
開花習性	四季咲き
花形	カップ咲き（5～8輪の房咲き）
花色	オレンジ色に黄色がのる
芳香	中香（ティー香）
花径	7㎝
樹勢／耐病性	普通／強い
作出	デルバール：フランス（2012年）

ハンス ゲーネバイン

花は透明感があるカップ咲き。花首がしなやかでうつむいて咲く。葉はやや淡い緑色。夏場はシュートの発生がよい。海外ではフロリバンダ扱いだが、日本ではシュラブのように扱え、鉢栽培に向く。低いフェンスやオベリスクにも仕立てられる。

分類	シュラブ
樹形	半横張り性
樹高×幅	1.2m×1.2m
開花習性	四季咲き
花形	カップ咲き（5輪くらいの房咲き）
花色	淡桃色
芳香	超微香（ティー香、パウダー香、スパイス香）
花径	8㎝
樹勢／耐病性	強い／強い
作出	タンタウ：ドイツ（2009年）

チェリー ボニカ

花首が短く、株いっぱいに花をつける。株のまとまりがよく、鉢栽培に向く。うどん粉病や黒星病に非常に強く、初心者にも育てやすい。冬剪定では樹高の1/2くらいを目安に切り戻す。秋にはシュラブ状に枝を伸ばし、低いフェンスやオベリスクにも仕立てられる。

分類	フロリバンダ
樹形	半横張り性
樹高×幅	0.7m×0.7m
開花習性	四季咲き
花形	カップ咲き（1～5輪の房咲き）
花色	ローズ色がのった赤色
芳香	微香（ティー香）
花径	7㎝
樹勢／耐病性	普通／とても強い
作出	メイアン：フランス（2013年）

パシュミナ

花芯部は淡桃色がのる。雨に強い性質で、花もちもよい。日本では木立性のシュラブとしてまとまった株になり、鉢栽培に向く。冬剪定では樹高の1/2くらいまで切り戻し、弱い枝を抜くとよい。うどん粉病や黒星病に強く、初心者にも育てやすい。

分類	フロリバンダ
樹形	半横張り性
樹高×幅	1.0m×0.6m
開花習性	四季咲き
花形	カップ咲き（3～5輪の房咲き）
花色	緑色を帯びた白色で、花芯部が淡桃色
芳香	微香（ティー香）
花径	6㎝
樹勢／耐病性	普通／強い
作出	コルデス：ドイツ（2003年）

アイズ フォー ユー

気温により花色が変化し、赤紫色のブロッチが入る。花もちがよく、白く退色しながら、一株でグラデーションになる。強いスパイス香。節間が短く、株のまとまりがよく、鉢栽培に向く。冬剪定では樹高の1/2くらいを目安に切り戻す。耐病性はあるが、夏場のハダニに注意。

分類	シュラブ
樹形	半横張り性
樹高×幅	1.0m×1.0m
開花習性	四季咲き
花形	半八重咲き（3～5輪の房咲き）
花色	ライラック～淡桃色
芳香	強香（スパイス香）
花径	7㎝
樹勢／耐病性	普通／強い
作出	ジェームス：イギリス（2009年）

ロビン

咲きはじめはオレンジ色で、咲き進むとアプリコット色になり、淡い色へと変化していく。春先に肥料を与えすぎると、うどん粉病になりやすいので、控えめにするのがポイント。コンパクトで、鉢植えに向く。品種名はフランシスバーネットの小説『秘密の花園』のコマドリの名にちなむ。

分類	シュラブ
樹形	半直立性
樹高×幅	1.2m×1.0m
開花習性	四季咲き
花形	カップ咲き（3輪くらいの房咲き）
花色	オレンジ色
芳香	強香（フルーツ香、ティー香、グリーン香）
花径	8㎝
樹勢／耐病性	強い／強い
作出	木村卓功：日本（2021年）

オリビア ローズ オースチン

花芯部の色が濃く、一輪でグラデーションになる。咲きはじめは浅いカップ咲きで、咲き進むとロゼット咲きになる。株のまとまりがよく、鉢植えに向く。二番花まではよく咲くが、秋花は花数が減る。耐病性があり、初心者にも育てやすい。品種名は作出者デビッド オースチンの孫娘にちなむ。

分類	シュラブ
樹形	半直立性
樹高×幅	1.5m×1.0m
開花習性	返り咲き
花形	カップ～ロゼット咲き（2～3輪の房咲き）
花色	淡桃色
芳香	中香（フルーツ香）
花径	10㎝
樹勢／耐病性	普通／強い
作出	デビッド オースチン：イギリス（2014年）

ローズ うらら

ややうつむいて咲き、花つきや花もちがよい。株のまとまりがよく、鉢栽培に向く。枝の寿命が長く、古枝にも花が咲く。冬剪定では樹高の1/2くらいを目安に切り戻す。数年でベーサルシュートの発生が減るので、上部の枝を間引くように剪定する。

分類	フロリバンダ
樹形	半横張り性
樹高×幅	1.0m×1.0m
開花習性	四季咲き
花形	丸弁平咲き(3〜5輪の房咲き)
花色	濃いローズ色
芳香	微香(ティー香)
花径	8㎝
樹勢/耐病性	普通/強い
作出	平林 浩:日本(1993年)

ノヴァーリス

耐病性や耐寒性がある。夏の暑さで葉が黄変することがあるが、秋には回復する。株のまとまりがよく、鉢栽培に向く。冬剪定では樹高の1/2くらいまで切り戻し、弱い枝を抜くとよい。品種名は小説『青い花』を書いたドイツの詩人の名にちなむ。

分類	フロリバンダ
樹形	直立性
樹高×幅	1.5m×1.0m
開花習性	四季咲き
花形	カップ咲き(3〜5輪の房咲き)
花色	赤みの少ないラベンダー色
芳香	微香(ティー香)
花径	9㎝
樹勢/耐病性	普通/強い
作出	コルデス:ドイツ(2010年)

リラ

夏は赤みがのった浅いカップ咲きで、秋は深いカップ咲きになる。爽やかな中香。株のまとまりがよく、鉢栽培に向く。花つきが大変よく初期生長が遅いので、大苗でも秋まで摘蕾がおすすめ。冬剪定は2〜3年間、浅めに切るとよい。強い耐病性があり、初心者にも育てやすい。

分類	フロリバンダ
樹形	半直立性
樹高×幅	0.9m×1.5m
開花習性	四季咲き
花形	カップ咲き(2〜3輪の房咲き)
花色	ラベンダー色
芳香	中香(ダマスク・クラシック香、ティー香)
花径	7㎝
樹勢/耐病性	普通/とても強い
作出	木村卓功:日本(2020年)

ウィンディー ナイト

咲きはじめは剣弁咲きで、咲き進むとロゼット咲きになる。秋の低温時には、強くラベンダー色がのることもある。ブルー・ローズ香の強香。株のまとまりがよく、鉢栽培に向く。葉は厚く濃い緑色で、花色を引き立てる。うどん粉病・黒星病に強く、初心者にも育てやすい。

分類	ハイブリッドティー
樹形	半直立性
樹高×幅	1.4m×0.8m
開花習性	四季咲き
花形	ロゼット咲き（3～5輪の房咲き）
花色	ラベンダー色がのる桃色
芳香	強香（ブルー・ローズ香）
花径	10㎝
樹勢／耐病性	普通／強い
作出	コマツガーデン櫻井哲哉：日本（2021年）

カインダ ブルー

青花系にしては珍しく、ティー系の香りがある。秋花は房咲きにならず、枝先に1輪ずつ咲くことが多い。株のまとまりがよく、鉢栽培に向く。従来の青系の品種に比べ、耐病性や耐寒性がある。冬剪定では樹高の1/2くらいを目安に切り戻す。

分類	ハイブリッドティー
樹形	半直立性
樹高×幅	1.5m×1.2m
開花習性	四季咲き
花形	ロゼット咲き（3～5輪の房咲き）
花色	ラベンダー色
芳香	微香（ティー香、パウダー香）
花径	10㎝
樹勢／耐病性	普通／強い
作出	コルデス：ドイツ（2015年）

オマージュ ア バルバラ

枝先に1輪ずつ中輪の花が咲き、株全体を覆うくらい花つきがよい。枝の分岐もよく、自然に枝分かれする。花弁も厚く、雨にも強い。株のまとまりがよく、鉢栽培に向く。冬剪定では樹高の1/2～2/3を目安に切り戻すとよい。品種名は、シャンソン歌手のバルバラにちなむ。

分類	シュラブ
樹形	半横張り性
樹高×幅	1.2m×0.8m
開花習性	四季咲き
花形	丸弁抱え咲き（3～5輪の房咲き）
花色	濃赤色
芳香	超微香（パウダー香、ティー香）
花径	6㎝
樹勢／耐病性	強い／強い
作出	デルバール：フランス（2004年）

マイ ディア

春はローズ色だが、秋の低温時はほんのり黄色がのる。春は浅いカップ咲きだが、秋には深いカップ咲きになる。花弁が厚くて雨に強いため、花もちがよい。株のまとまりがよく、鉢栽培に向く。耐病性があり、初心者にも育てやすい。

分類	ハイブリッドティー
樹形	半横張り性
樹高×幅	1.0m×0.8m
開花習性	四季咲き
花形	カップ咲き（1〜5輪の房咲き）
花色	ローズ色
芳香	微香（パウダー香、ティー香）
花径	10㎝
樹勢／耐病性	普通／強い
作出	コマツガーデン櫻井哲哉：日本（2018年）

リムセ

濃いピンクの弁先で、シベのつけ根が赤色になり、黄色いシベを含めてグラデーションになる。こんもり茂り、鉢栽培に向く。秋以外は実がほとんどつかず、切り戻しも必要ない。耐病性が強く、無農薬でも栽培可能。宿根草との混植にも合う。品種名はアイヌ語で「踊り」の意。

分類	シュラブ
樹形	半横張り性
樹高×幅	0.5m×0.8m
開花習性	四季咲き
花形	一重咲き（5〜10輪の房咲き）
花色	桃色
芳香	微香（ムスク香）
花径	3.5㎝
樹勢／耐病性	普通／強い
作出	コマツガーデン櫻井哲哉：日本（2020年）

マイ ローズ

咲きはじめはカップ咲きで、咲き進むとロゼット咲きになり、美しい花の形が続く。ややうつむいて咲き、花もちもよく、あまり退色しない。株のまとまりがよく、鉢栽培に向く。黒星病・うどん粉病にとても強い。初心者や、薬剤散布をあまりしたくない方におすすめ。

分類	フロリバンダ
樹形	半直立性
樹高×幅	1.0m×0.8m
開花習性	四季咲き
花形	ロゼット咲き（3〜5輪の房咲き）
花色	赤色
芳香	微香（ティー香）
花径	8㎝
樹勢／耐病性	強い／とても強い
作出	木村卓功：日本（2019年）

恋こがれ

小輪多花性で、ピンク色のカップ咲きの花が愛らしい。甘いキュートなイメージのバラ。株のまとまりがよく、鉢栽培に向く。葉は耐病性もあり、初心者にも育てやすい。京成バラ園芸の恋バラシリーズ「恋結び」「恋きらら」「恋こがれ」と続いて発表された。

分類	フロリバンダ
樹形	半横張り性
樹高×幅	0.7～0.9m×0.8m
開花習性	四季咲き
花形	丸弁カップ咲き（10輪くらいの房咲き）
花色	内側淡ピンク～外弁濃ピンク
芳香	微香（ティー香）
花径	6㎝
樹勢／耐病性	普通／強い
作出	京成バラ園芸：日本（2022年）

ブラス バンド

春の一番花は朱色がのった濃いオレンジ色になり、二番花以降の気温の高いときは濃いアプリコット色になる。ベーサルシュートの発生が弱いので、冬剪定では樹高の1/2～1/3くらいを目安に切り戻す。肥料切れすると樹勢が弱くなるので、適切な追肥を行う。

分類	フロリバンダ
樹形	半横張り性
樹高×幅	1.0m×1.0m
開花習性	四季咲き
花形	丸弁咲き（3輪くらいの房咲き）
花色	濃いオレンジ色に、やや朱色がのる
芳香	超微香（ティー香）
花径	10㎝
樹勢／耐病性	とても強い／強い
作出	ジャック E. クリステンセン：アメリカ（1994年）

スマイル ハニー ローズ／くまのプーさん

咲きはじめは鮮やかな黄色で、咲き進むと淡い黄色になる。青みのある香りに、柑橘系の香りがのる強香。株のまとまりがよくコンパクトで、鉢栽培に向く。黒星病に強く、初心者にも育てやすい。児童書『くまのプーさん』（英国：Winnie-the-Pooh）にちなんだ別名もある。

分類	フロリバンダ
樹形	直立性
樹高×幅	1.0×1.0m
開花習性	四季咲き
花形	ロゼット咲き（3~5輪の房咲き）
花色	黄色
芳香	強香（シトラス香）
花径	6～8㎝
樹勢／耐病性	普通／強い
作出	メイアン：フランス（2022年）

香りが素晴らしい

バラは花の色や形に惹かれる方も多いですが、
香りも大きな魅力のひとつです。
ダマスク香、フルーツ香、ミルラ香、ティー香などに、
これらの香りが複合的に合わさった品種もあります。
朝一番の香りが一番強いといわれています。
バラの香りを存分に楽しめるのは、育てているからこその醍醐味です。

ユー ステイシア ヴァイ

イングリッシュローズらしい豪華なロゼット咲きになる。花色に幅があり、ニュアンスカラーが好みの方におすすめ。フルーツ香とティー香の強香。低温期はアプリコット色が花の中心部に強くのる。コンパクトで木立性品種のように扱え、鉢栽培に向く。

分類	シュラブ
樹形	半直立性
樹高×幅	1.2m×0.8m
開花習性	返り咲き
花形	ロゼット咲き（1輪あるいは数輪の房咲き）
花色	オレンジ色がのった桃色
芳香	強香（フルーツ香、ティー香）
花径	10㎝
樹勢／耐病性	普通／普通
作出	デビッド オースチン：イギリス（2019年）

イフ アイ フェル

花弁先が波打ち、花弁数は多くないが、整った形の花が長く続く。一番花は大輪、二番花以降は10㎝ほどの中大輪になる。濃厚なフルーツ香の強香。コンパクトで、鉢栽培に向く。春は上を向いて咲き、秋の花はややうつむき気味になる。耐病性は中程度あるが、樹勢が弱い。

分類	シュラブ
樹形	半横張り性
樹高×幅	0.8m×0.8m
開花習性	四季咲き
花形	カップ咲き（2〜3輪の房咲き）
花色	ローズ色
芳香	強香（フルーツ香）
花径	10㎝
樹勢／耐病性	弱い／普通
作出	コマツガーデン櫻井哲哉：日本（2021年）

ウィズレー2008

早咲き性で外側の弁先は尖る。二番花まではよく咲くが、夏は花弁と花数が減る。強いシュートには花がつかないので、まめにピンチをして樹形を整える。コンパクトで、鉢栽培に向く。冬剪定では樹高の1/2くらいを目安に切り戻す。品種名は英国王立園芸協会所有の庭園にちなむ。

分類	シュラブ
樹形	半横張り性
樹高×幅	1.0m×1.0m
開花習性	四季咲き～返り咲き
花形	ロゼット咲き（3～6輪の房咲き）
花色	淡桃色
芳香	強香（フルーツ香、ティー香）
花径	7㎝
樹勢／耐病性	普通／普通
作出	デビッド オースチン：イギリス（2008年）

ヒーリング

花弁の外側は波打ち、花弁が厚く花もちがよい。ミルラの強香。トゲはまばらで、葉は堅くグレー色を帯びる。株のまとまりがよく、鉢栽培に向く。ベーサルシュートはよく分枝し、上部は細い枝が多くなる。冬剪定では枝を間引くか、太いところまで切り戻す。

分類	ハイブリッドティー
樹形	半直立性
樹高×幅	1.3m×0.8m
開花習性	四季咲き
花形	ロゼット咲き（3～5輪の房咲き）
花色	桃色にややライラック色がのる
芳香	強香（ミルラ香、ティー香）
花径	13㎝
樹勢／耐病性	普通／普通
作出	コマツガーデン：日本（2013年）

ドレッシー

咲きはじめは波状弁抱え咲きだが、咲き進むとロゼット咲きになる。ダマスク・クラシック香にフルーツ香の強香。株のまとまりがよく、鉢栽培に向く。多肥にすると薄い花弁が傷み、うどん粉病になる。第15回国営越後丘陵公園「国際香りのばら新品種コンクール」の、HT（ハイブリッドティー）部門で銀賞受賞。

分類	ハイブリッドティー
樹形	半直立性
樹高×幅	1.3m×0.8m
開花習性	四季咲き
花形	波状弁抱え咲き（2～5輪の房咲き）
花色	白色
芳香	強香（ダマスク・クラシック香、フルーツ香）
花径	12㎝
樹勢／耐病性	普通／普通
作出	コマツガーデン櫻井哲哉：日本（2022年）

チャールズ ダーウィン

うつむいて咲き、花首が長い。シュートは弧を描いて下垂《かすい》し、曲がったところから出た枝に花をつける。二番花までは四季咲きのように咲く。冬剪定では樹高の1/2くらいを目安に切り戻す。小型のつるバラとして扱うのがよい。品種名は進化論を唱えたチャールズ・ダーウィンにちなむ。

分類	シュラブ
樹形	半横張り性
樹高×幅	1.5m×1.5m
開花習性	返り咲き
花形	カップ咲き（2〜3輪の房咲き）
花色	淡い山吹色
芳香	中香（レモン香）
花径	11㎝
樹勢／耐病性	普通／普通
作出	デビッド オースチン：イギリス（2001年）

クランベリー ソース

春はロゼット咲きだが、秋は赤色が強くなってカップ咲きになる。ブルー系の香りに、強いマスカット香がのる。やや斜めにシュートを出し、枝は大小のトゲが多い。ベーサルシュートの発生が弱く、冬剪定では樹高の1/2くらいを目安に切り戻す。黒星病に注意が必要。

分類	ハイブリッドティー
樹形	半直立性
樹高×幅	1.5m×1.0m
開花習性	四季咲き
花形	ロゼット咲き（3輪くらいの房咲き）
花色	ライラック色に赤色がのる
芳香	強香（ブルー系香、マスカット香）
花径	13㎝
樹勢／耐病性	強い／弱い
作出	コマツガーデン：日本（2008年）

ベルベティ トワイライト

ロゼット咲きで弁先は波打ち、花の形が崩れにくい。雨に強く、モダン・ダマスク香の強香。枝は堅く、大小のトゲが多い。コンパクトで、鉢栽培に向く。冬剪定では樹高の1/2くらいを目安に切り戻す。枝が充実すると堅い木になり、古枝にもよく花が咲く。

分類	フロリバンダ
樹形	半直立性
樹高×幅	1.0m×0.8m
開花習性	四季咲き
花形	ロゼット咲き（1〜5輪の房咲き）
花色	赤紫色
芳香	強香（モダン・ダマスク香、ティー香）
花径	9㎝
樹勢／耐病性	普通／普通
作出	河合伸志：日本（2010年）

シェエラザード

弁先が尖った個性的な花形で、開花前の気温によって、色合いが微妙に変わる。株のまとまりがよく、鉢栽培に向く。葉は尖った形、花首はしっかりとして、切り花にも使える。冬剪定では樹高の1/2くらいを目安に切り戻す。多湿時の黒星病に注意。

分類	フロリバンダ
樹形	半直立性
樹高×幅	1.2m×0.8m
開花習性	四季咲き
花形	カップ咲き（5～8輪の房咲き）
花色	紫色を帯びた濃いローズ色
芳香	強香（フルーツ香、モダン・ダマスク香）
花径	8㎝
樹勢／耐病性	普通／普通
作出	木村卓功：日本（2013年）

パルファン ダ ムール

花弁の外側が波打ち、開花後は紫色が強くのる。細い枝が多く、株のまとまりがよいため、鉢栽培に向く。花つきが非常によいので、幼苗《ようびょう》時には蕾を取ったほうが順調に生長する。耐病性は普通だが、幼苗時は定期的な追肥と薬剤散布を行う。

分類	フロリバンダ
樹形	半横張り性
樹高×幅	1.0m×1.0m
開花習性	四季咲き
花形	カップ咲き（2～5輪の房咲き）
花色	やや紫色がのったローズ色
芳香	強香（モダン・ダマスク香、フルーツ香）
花径	7㎝
樹勢／耐病性	普通／普通
作出	河合伸志：日本（2017年）

ガブリエル オーク

形のよいロゼット咲き。咲き進むとローズ色が濃くなる。フルーツ香にダマスク・クラシック香がのる強香。イングリッシュローズとしては珍しく、上向きに咲く。コンパクトで木立性品種のように扱え、鉢植えに向く。小型のつるバラとして扱うこともできる。

分類	シュラブ
樹形	半直立性
樹高×幅	1.2m×0.8m
開花習性	返り咲き
花形	ロゼット咲き（3～5輪の房咲き）
花色	赤色がのったローズ色
芳香	強香（フルーツ香、ダマスク・クラシック香）
花径	10㎝
樹勢／耐病性	普通／普通
作出	デビッド オースチン：イギリス（2019年）

暑さに強い

年々進む温暖化に、バラ栽培をしている方たちは、
今後も心配でたまらないでしょう。
バラは暑さに強い品種が比較的多いです。
ただ、特に暖かい地域や、西日がガンガン当たる場所に
鉢バラを置く場合は、品種選びが必要です。
たとえ暑さに強い品種でも、水やりは忘れずに。

レディ ソウル

咲きはじめは半剣弁高芯咲きで、咲き進むとカップ咲きになる。ローズ色に赤みが入り、華やかというより、ワントーン落ち着いた雰囲気が楽しめる。品種名は「強くたくましい、現代の女性へ捧げたもの」の意。

分類	シュラブ
樹形	半直立性
樹高×幅	1.5m×1.0m
開花習性	四季咲き
花形	半剣弁高芯咲き～カップ咲き（3～4輪の房咲き）
花色	ローズ色に赤色がのる
芳香	強香（フルーツ香）
花径	9㎝
樹勢／耐病性	普通／普通
作出	コマツガーデン櫻井哲哉：日本（2023年）

ピンク ダブル ノックアウト

花弁の裏に白色がのる。花もちがよく、開くとシベが見える。コンパクトで、鉢栽培に向く。冬剪定では樹高の1/2くらいを目安に切り戻し、ベーサルシュートの発生が弱いので上部をすかす。うどん粉病や黒星病に強く、耐陰性もあるが、ハダニに注意。

分類	シュラブ
樹形	半直立性
樹高×幅	1.2m×0.8m
開花習性	四季咲き
花形	剣弁高芯咲き（5輪くらいの房咲き）
花色	ローズ色
芳香	超微香（ティー香、パウダー香）
花径	7㎝
樹勢／耐病性	普通／とても強い
作出	ラドラー：アメリカ（2009年）

プラム パーフェクト

花弁先に赤紫色が不規則にのり、ルーズな花形。新芽は艶のある銅葉で、芽出しのときは見応えがある。株のまとまりがよく、葉が密に茂るので、鉢栽培に向く。うどん粉病や黒星病に強く、樹勢もある。2011年オーストラリア・アデレード銀賞・ベストFL（フロリバンダ）賞受賞。

分類	フロリバンダ
樹形	半横張り性
樹高×幅	1.4m×1.0m
開花習性	四季咲き
花形	丸弁ロゼット咲き（3～5輪の房咲き）
花色	ラベンダー色に赤紫色がのる
芳香	微香（ティー香、ダマスク香）
花径	8㎝
樹勢／耐病性	普通／強い
作出	コルデス：ドイツ（2008年）

マチネ

花つきがよく、春から秋までよく咲き続ける。耐病性にも優れ、初心者にも育てやすい。コンパクトで、鉢栽培に向く。品種名は、フランス語の「朝・午前」の意。青みがかった色は「ひんやりした早朝」、ピンクがかった色は「暖かな昼前」のイメージを表している。

分類	フロリバンダ
樹形	半横張り性
樹高×幅	1.0m×0.6m
開花習性	四季咲き
花形	丸弁平咲き（3～8輪の房咲き）
花色	ラベンダーピンク
芳香	微香（ティー香）
花径	6㎝
樹勢／耐病性	強い／強い
作出	コルデス：ドイツ（2019年）

カシス オレンジ

花はオレンジ色に朱色がのり、春や秋の低温時には朱色が濃くのる。節間が短いので、株のまとまりがよく、鉢栽培に向く。冬剪定では樹高の1/2くらいを目安に切り戻す。古枝になるとシュートが出にくくなるので、株が若いうちに、シュート枝を多く出させて育てる。

分類	ハイブリッドティー
樹形	半直立性
樹高×幅	1.2m×0.8m
開花習性	四季咲き
花形	半剣弁高芯咲き（1輪～3輪の房咲き）
花色	朱色がのったオレンジ色
芳香	微香（ティー香、パウダー香）
花径	12㎝
樹勢／耐病性	普通／普通
作出	コマツガーデン：日本（2014年）

ヴィンテージ フラール

花の形が整っていて、花つきがよい。爽やかなフルーツ香の強香。葉はややグレー色を帯び、バラや草花との混《こん》植《しょく》でも目を引く。耐暑性があり、夏場でも生育が弱ることが少ない。2007年から、切り花用のバラとしても販売されている。

分類	フロリバンダ
樹形	半直立性
樹高×幅	1.3m×0.5m
開花習性	四季咲き
花形	カップ咲き（3～5輪の房咲き）
花色	サーモンピンク
芳香	強香（フルーツ香）
花径	8㎝
樹勢／耐病性	普通／普通
作出	メルヘンローズ：日本（2007年）

レヨン ド ソレイユ

まだ蕾のときに、外側の花弁に赤色がのる。株のまとまりがよく、あまり幅は出ないので、鉢栽培に向く。トゲは少なく、扱いやすい。黄色系のバラは病気に弱い品種が多いが、耐病性があり、初心者にも育てやすい。2015年、強健なバラに与えられる、ドイツのADRに認証された。

分類	フロリバンダ
樹形	半直立性
樹高×幅	1.0m×0.6m
開花習性	四季咲き
花形	丸弁平咲き（3～10輪の房咲き）
花色	淡黄色
芳香	微香（ティー香）
花径	6㎝
樹勢／耐病性	普通／普通
作出	メイアン：フランス（2014年）

ロアルド ダール

形のよいカップ咲きで、咲き進むと白く退色する。ややうつむいて咲く。返り咲き性が強く、秋までポツポツと花をつける。トゲは少なく、コンパクトで鉢栽培に向く。誘引すれば小型のつるバラにも仕立てられる。品種名はイギリスの小説家の名前にちなむ。

分類	シュラブ
樹形	半横張り性
樹高×幅	1.5m×1.5m
開花習性	繰り返し咲き
花形	カップ咲き（3～5輪の房咲き）
花色	アプリコット色
芳香	中香（フルーツ香、ティー香）
花径	8㎝
樹勢／耐病性	普通／普通
作出	デビッド オースチン：イギリス（2016年）

寒さに強い

バラはもともと寒さにも強いものです。
暖地（関東以南）にお住まいの方は、
たまに雪が降って、鉢の表土に積もることがあっても、
すぐに溶けるのであれば心配はいりません。
寒地にお住まいの方は、寒さに強い品種の中から選ぶと、
寒風や雪で枯れ込む心配も少ないです。

アスピリン ローズ

蕾は淡桃色だが、開ききると純白になる。花の重さで先端はやや下垂する。耐病性が強く、半日陰にも耐える。耐寒性・耐暑性もある。コンパクトで、鉢栽培に向く。樹高が高くなると花の重さで倒れるので、冬剪定では1/2～1/3くらいまで切り戻す。

分類	フロリバンダ
樹形	半横張り性
樹高×幅	1.2m×1.2m
開花習性	四季咲き
花形	平咲き（15～20輪の房咲き）
花色	淡桃色がのった白
芳香	微香（ティー香）
花径	5㎝
樹勢／耐病性	とても強い／強い
作出	タンタウ：ドイツ（1997年）

ピンク サクリーナ

房咲き性で、先端を弓状に下垂させながら咲く。枝はしなやかで、ドーム状の樹形になる。コンパクトで、鉢栽培に向く。冬剪定では樹高の1/2～2/3くらいを目安に切り戻す。小型のつるバラとして、低いフェンスやオベリスクにも仕立てられる。

分類	シュラブ
樹形	半横張り性
樹高×幅	1.2m×1.2m
開花習性	四季咲き
花形	一重咲き（5～10輪の房咲き）
花色	淡桃色
芳香	微香（ティー香）
花径	8㎝
樹勢／耐病性	強い／強い
作出	メイアン：フランス（2006年）

リモンチェッロ

花もちがよく、咲き進むと白っぽく退色し、一株でグラデーションになる。花弁の先端は波打ち、花の重さで下垂し、ドーム状の樹形になる。耐病性・耐暑性に優れ、ハダニの発生も少なく、無農薬栽培も可能。冬剪定では、房の下まで切り戻し、弱い枝を抜く。

分類	シュラブ
樹形	半横張り性
樹高×幅	0.8m×1.0m
開花習性	四季咲き
花形	半八重咲き(10輪以上の大房咲き)
花色	明るい黄色
芳香	超微香(スパイス香、ティー香)
花径	4cm
樹勢/耐病性	強い/とても強い
作出	メイアン:フランス(2008年)

岳《がく》の夢

花弁の裏は白色。香りはほとんどないが、花もちは非常によい。コンパクトにまとまり、鉢栽培に向く。黒星病・うどん粉病にはとても強く、無農薬でも栽培でき、初心者にも育てやすい。ただし、多肥にすると、寒冷地ではベト病が発生することがある。

分類	フロリバンダ
樹形	半横張り性
樹高×幅	1.0m×1.0m
開花習性	四季咲き
花形	丸弁高芯咲き(5〜10輪以上の大房咲き)
花色	ローズ色がのった赤色、裏弁白色
芳香	微香(ティー香)
花径	4〜5cm
樹勢/耐病性	普通/強い
作出	コルデス:ドイツ(2011年)

スカーレット ボニカ

咲きはじめはロゼット咲きで、咲き進むと丸弁平咲きになる。ややうなだれて咲く。シュラブ状に伸び、枝先を下垂させ、ドーム状の樹形になる。コンパクトで、鉢栽培に向く。メンテナンスが少ないボニカシリーズ®のひとつ。黒星病やうどん粉病に強く、初心者にも育てやすい。

分類	フロリバンダ
樹形	半横張り性
樹高×幅	1.0m×1.0m
開花習性	四季咲き
花形	丸弁平咲き(5〜10輪の房咲き)
花色	赤色
芳香	微香(ティー香)
花径	7cm
樹勢/耐病性	普通/とても強い
作出	メイアン:フランス(2014年)

フューチャー パフューム

ピンク色の花で香りのよいバラをお探しなら、このバラがおすすめ。単花咲きで枝先に一輪しか咲かないが、一輪でも凛として見事な花を咲かせる。甘いダマスクの強香。樹形は乱れず、整った姿をキープしてくれる。株のまとまりがよく、鉢栽培に向く。

分類	ハイブリッドティー
樹形	半横張り性
樹高×幅	0.8～1.0m×1.0m
開花習性	四季咲き
花形	半剣弁咲き～ロゼット咲き（単花咲き）
花色	ピンク色
芳香	強香（ダマスク香、ティー香、パウダー香）
花径	8㎝
樹勢／耐病性	普通／強い
作出	コルデス：ドイツ（2019年）

ティップン トップ

淡い山吹色で、花も葉もしっかりとして厚め。とても耐病性が強く、健康的な美しさで、初心者でも安心して育てられる。コンパクトで株のまとまりがよく、鉢栽培に向く。香りはティー香にフルーツの中香。品種名はオレンジジュースを使ったカクテルの名にちなむ。

分類	ハイブリッドティー
樹形	直立性
樹高×幅	1.5～2.0m×1.0m
開花習性	四季咲き
花形	ロゼット咲き（単花咲き）
花色	淡い山吹色
芳香	中香（ティー香、フルーツ香、ハーブ香）
花径	8㎝
樹勢／耐病性	強い／とても強い
作出	コルデス：ドイツ（2015年）

夢乙女

咲きはじめはポンポン咲きで、咲き進むと平咲きになる。花もちがよく、咲き進むと白っぽく退色し、グラデーションになる。 春の花後すぐに花がらを取ると、6月頃に二番花も楽しめる。植えて1～2年は生長が穏やか。節間が狭く葉が混み合うので、ハダニに注意。無農薬栽培も可能。

分類	クライミングローズ（ミニ）
樹形	つる性
樹高×幅	2.0m×2.0m
開花習性	弱い返り咲き
花形	ポンポン咲き（5～8輪の房咲き）
花色	桃色
芳香	超微香（ティー香）
花径	3㎝
樹勢／耐病性	強い／強い
作出	徳増一久：日本（1989年）

繊細だけど美しい

花弁が薄くて雨に弱く、花の色幅があり、
咲き進むと色がグラデーションになる。繊細だけど美しい。
そんなバラを好まれる方も多いことでしょう。
しかし、これらの品種は、病気に弱い傾向があります。
バラ栽培に少しずつ慣れてきて、薬剤を適切に使える方が、
手をかけて大事に育てていくバラです。

サボン

淡い桃色の花は、咲き進むと退色して白色に近くなり、一株でグラデーションになる。ボタンアイになり、赤いシベがアクセントになる。花は上を向いて咲き、ミルラ香の強香。コンパクトなので、鉢栽培に向く。品種名はフランス語で「石けん」の意。

分類	シュラブ
樹形	半直立性
樹高×幅	1.2m×0.8m
開花習性	四季咲き
花形	ロゼット咲き（数輪の房咲き）
花色	淡桃色
芳香	強香（ミルラ香）
花径	7cm
樹勢／耐病性	普通／普通
作出	河本麻記子：日本（2021年）

「エクレール（→P60）」の枝変わり品種。

オリエンタル エクレール

咲きはじめは白地に黄緑色がのり、咲き進むと黄緑色がさらにのり、最後は緑色になる。エクレールと比べると、ふたまわり大きな小中輪が咲く。もともとは切り花用品種として販売されていた。花つき・花もちが非常によく、雨にも強い。コンパクトで、鉢栽培に向く。

分類	ポリアンサ
樹形	半横張り性
樹高×幅	0.4m×0.4m
開花習性	四季咲き
花形	カップ咲き（5～8輪の房咲き）
花色	黄緑色
芳香	超微香（ティー香）
花径	6cm
樹勢／耐病性	弱い／普通
作出	メルヘンローズ：日本（2022年）

禅

花色は気温によりオレンジ色を帯びたり、紫色を帯びたり、複雑な色合い。枝先は銅色になる。早咲きで開花サイクルが早く、普通の品種より花を1回多く楽しめることが多い。うどん粉病には中程度の耐性があるが、黒星病には注意。

分類	フロリバンダ
樹形	半直立性
樹高×幅	1.0m×0.8m
開花習性	四季咲き
花形	剣弁高芯咲き（3輪～数輪の房咲き）
花色	桃色がのった濃茶色
芳香	中香（ティー香）
花径	8㎝
樹勢／耐病性	普通／普通
作出	河合伸志：日本（2005年）

ジュリア

3輪くらいの房で咲くときもある。花もちがよく、退色するまで楽しめる。枝の寿命が短いため、シュート更新する枝を多く残すとよい。肥料が切れると樹勢が弱まるので、適切な追肥が必要。切り花としても多く流通。品種名はジュリア（イギリスのフラワーデザイナー）にちなむ。

分類	ハイブリッドティー
樹形	半直立性
樹高×幅	1.2m×1.0m
開花習性	四季咲き
花形	丸弁平咲き（単花咲き）
花色	茶色
芳香	中香（ティー香）
花径	10㎝
樹勢／耐病性	普通／弱い
作出	ティスターマン：イギリス（1976年）

自由の丘

東京都目黒区自由が丘とコラボして生まれた品種。花の色はラベンダーとモーヴピンクが混ざり、その曖昧なグラデーションが美しい。波状弁抱え咲きで、2～3輪の房咲きになることもある。花もちがよく、香りがよいので、切り花としても楽しめる。

分類	ハイブリッドティー
樹形	半直立性
樹高×幅	1.2m×1.0m
開花習性	四季咲き
花形	波状弁抱え咲き
花色	ラベンダーとモーヴピンクが混ざる
芳香	強香（ダマスク・クラシック香、フルーツ香）
花径	8㎝
樹勢／耐病性	普通／普通
作出	コマツガーデン：日本（2013年）

アイ ウィル

咲きはじめはカップ咲きで、咲き進むとロゼット咲きになる。低温時には桃色が強くのり、開花とともにアプリコット色になる。枝先はやや下垂し、ドーム状の樹形になる。コンパクトで、鉢栽培に向く。耐病性は中程度だが、成木《せいぼく》になれば薬剤を減らすこともできる。

分類	シュラブ
樹形	半横張り性
樹高×幅	1.0m×1.0m
開花習性	四季咲き
花形	カップ咲き（5〜8輪の房咲き）
花色	アプリコット色
芳香	微香（ティー香）
花径	6㎝
樹勢／耐病性	普通／普通
作出	コマツガーデン櫻井哲哉：日本（2022年）

ラプソディ イン ブルー

咲きはじめは紫の濃い赤紫色で、咲き進むと白っぽく退色し、グラデーションになる。暑さに弱く暖地では葉が黄変し、下葉を落とすこともある。夏は鉢を半日陰に移動し、花後7月頃までに適切な施肥を行う。冬剪定では、枝の寿命が短いので、シュート更新する枝を多くする。

分類	シュラブ
樹形	半直立性
樹高×幅	1.5m×0.8m
開花習性	四季咲き
花形	半八重咲き（10輪くらいの房咲き）
花色	紫の濃い赤紫色
芳香	強香（スパイス香、ティー香）
花径	6㎝
樹勢／耐病性	弱い／普通
作出	ワーナー：イギリス（1999年）

ニュー ウェーブ

ハイブリッドティーだが、数輪の房で咲く。咲きはじめはライラック色で、咲き進むと桃色が強くのる。樹形は半直立性で細立ち、枝は青みを帯びている。冬剪定では樹高の1/2くらいを目安に切り戻す。肥料切れすると樹勢が弱くなるので、適切な追肥を行う。

分類	ハイブリッドティー
樹形	半直立性
樹高×幅	1.2m×0.8m
開花習性	四季咲き
花形	波状弁平咲き（3〜5輪の房咲き）
花色	ライラック色〜淡い藤色
芳香	強香（ブルー・ローズ香）
花径	10㎝
樹勢／耐病性	普通／普通
作出	寺西菊雄：日本（2000年）

ラ マリエ

花弁の質がよく、雨に強く、花もちがよい。秋にはライラック色が強くのる。枝にトゲが少ない。節間がやや短めで、株のまとまりがよく、鉢栽培に向く。冬剪定では樹高の1/2くらいを目安に切り戻す。黒星病にはそこそこ耐病性があるが、うどん粉病には注意。

分類	フロリバンダ
樹形	半直立性
樹高×幅	1.0m×0.8m
開花習性	四季咲き
花形	丸弁平咲き（1～3輪の房咲き）
花色	ラベンダー色がのる淡桃色
芳香	強香（ブルー・ローズ香、フルーツ香）
花径	8㎝
樹勢／耐病性	普通／弱い
作出	河本純子：日本（2009年）

ブルー ムーン ストーン

気温などの変化で、花の色幅が複雑にのる。黒星病には注意が必要で、幼苗時には定期的な薬剤散布を行う。比較的樹勢が強いので、成木になると薬剤散布を多少減らすこともできる。冬剪定では、成木になるまではあまり強く切り戻さず、葉の量を確保する。

分類	シュラブ
樹形	半横張り性
樹高×幅	1.0m×1.0m
開花習性	四季咲き
花形	ロゼット咲き（3～8輪の房咲き）
花色	クリーム色にラベンダー色から桃色がのる
芳香	中香（ブルー・ローズ香）
花径	6㎝
樹勢／耐病性	普通／弱い
作出	河本純子：日本（2018年）

ブルー グラビティ

半日陰や夕暮時に見ると、より水色を感じる。青色の品種だが、中程度の耐病性がある。枝は細立ちで、やや枝先を下垂させる。コンパクトで、鉢栽培に向く。花つきが大変よく初期生長が遅いので、大苗でも秋まで摘蕾がおすすめ。2～3年間は冬剪定で浅めの剪定をするとよい。

分類	ハイブリッドティー
樹形	半直立性
樹高×幅	1.2m×1.0m
開花習性	四季咲き
花形	丸弁咲き（単花咲き）
花色	シルバーがかった水色
芳香	微香（ティー香、パウダー香）
花径	8㎝
樹勢／耐病性	普通／普通
作出	木村卓功：日本（2020年）

ミニチュア・ポリアンサ

小さくて愛らしい花は、心を癒してくれます。
樹高が低く、鉢がコンパクトなので、
ベランダやポーチなどの狭い場所でも、
気軽に置けて扱いやすいです。
ミニチュアよりポリアンサのほうが、樹高が高く育ちます。
ちょっとしたプレゼントにも最適です。

グリーン アイス

咲き進むと緑色がのり、花もちがよく、独特のグラデーションになる。夜に気温が低いと桃色がのる。匍《ほ》匐《ふく》するように伸びるので、冬剪定では下枝の処理と先端を切ればよい。暑さにやや弱いが、気温の低下とともに回復。黒星病に強いが、うどん粉病には注意が必要。

分類	ミニチュア
樹形	横張り性
樹高×幅	0.4m×0.6m
開花習性	四季咲き
花形	ロゼット咲き（数輪の房咲き）
花色	淡緑色を帯びた白色
芳香	超微香（ティー香）
花径	3㎝
樹勢／耐病性	強い／強い
作出	ムーア ラルフ S.：アメリカ（1971年）

リトル アーチスト

花弁の先が尖り、花芯は白色からクリーム色で複色となり、花もちがよい。シュラブ状に伸びるので、支えが必要なときもある。冬剪定では房の下まで切り戻し、弱い枝を抜くとよい。コンパクトで、鉢植えに向く。低いフェンスにも仕立てられる。

分類	ミニチュア
樹形	半横張り性
樹高×幅	0.5m×0.5m
開花習性	四季咲き
花形	半八重咲き（数輪～数十輪の房咲き）
花色	赤色
芳香	超微香（ティー香）
花径	4㎝
樹勢／耐病性	普通／普通
作出	サミュエル ダラー マクレディ：ニュージーランド（1975年）

マザーズデイ

ディープなカップ咲きで、枝にトゲは少なく、葉色は濃緑色。新梢《しんしょう》の葉裏や枝は赤色がのり、全体的に落ち着いた色合い。冬剪定では樹高の1/2～2/3くらいを目安に切り戻す。耐暑性に優れ、夏でもある程度の数の花が咲く。

分類	ポリアンサ
樹形	半横張り性
樹高×幅	0.5m×0.5m
開花習性	四季咲き
花形	カップ咲き（数輪～数十輪の房咲き）
花色	ローズ色が少しのった緋赤色
芳香	微香（ティー香）
花径	4㎝
樹勢／耐病性	強い／強い
作出	グルーテン ドルスト：オランダ（1949年）

ピンク マザーズデイ

ディープなカップ咲きで、花の中心部は、白に近い淡桃色になる。花もちが大変よく、咲き進むと白っぽく退色し、グラデーションになる。冬剪定では樹高の1/2～2/3くらいを目安に切り戻す。耐暑性に優れ、夏でもある程度の数の花が咲く。

分類	ポリアンサ
樹形	半横張り性
樹高×幅	0.5m×0.5m
開花習性	四季咲き
花形	カップ咲き（数輪～数十輪の房咲き）
花色	桃色
芳香	微香（ティー香）
花径	4㎝
樹勢／耐病性	強い／強い
作出	コマツガーデン：日本（2002年）

オレンジ マザーズデイ

ディープなカップ咲きで、咲きはじめは朱色が強くのるが、咲き進むと朱色が淡くなる。枝にトゲは少なく、葉色は淡い緑色で花色を引き立てる。冬剪定では樹高の1/2～2/3くらいを目安に切り戻す。耐暑性に優れ、夏でもある程度の数の花が咲く。

分類	ポリアンサ
樹形	半横張り性
樹高×幅	0.5m×0.5m
開花習性	四季咲き
花形	カップ咲き（数輪～数十輪の房咲き）
花色	朱赤色がのったオレンジ色
芳香	微香（ティー香）
花径	4㎝
樹勢／耐病性	強い／強い
作出	グルーテン ドルスト：オランダ（1956年）

ホワイト コスター

ディープなカップ咲きで、蕾のときは黄緑色がのるが、開花すると純白色になる。枝や葉色はやや明るい緑色で、明るい印象。冬剪定では樹高の1/2～2/3くらいを目安に切り戻す。耐暑性に優れ、夏でもある程度の数の花が咲く。

分類	ポリアンサ
樹形	半横張り性
樹高×幅	0.5m×0.5m
開花習性	四季咲き
花形	カップ咲き（数輪～数十輪の房咲き）
花色	純白色
芳香	微香（ティー香）
花径	4㎝
樹勢／耐病性	強い／強い
作出	コスター：オランダ（1929年）

ファースト インプレッション

鮮やかな黄色が目を引く。花形は剣弁高芯咲きで、ミニバラとしては立派に大きく育つ。ミルラの中香は、ミニバラとしては珍しい。黒星病に比較的強く、コンパクトで株のまとまりがよく、初心者にも育てやすい。品種名は英語で「第一印象」の意。

分類	ミニチュア
樹形	半直立性
樹高×幅	0.8m×0.5m
開花習性	四季咲き
花形	剣弁高芯咲き（単花咲き）
花色	鮮黄色
芳香	中香（ティー香、ミルラ香）
花径	5㎝
樹勢／耐病性	普通／強い
作出	ノアイースト：アメリカ（2009年）

エクレール

ディープなカップ咲きで、春はシベをのぞかせて咲くが、その他の時季はシベが見えるまでには、雨が当たる地植えではあまり開かない。もともとは切り花品種で、花もちが非常によく、雨にも強い。花つきが大変よく、特に幼苗時には摘蕾をまめに行うとよい。

分類	ポリアンサ
樹形	半横張り性
樹高×幅	0.5m×0.5m
開花習性	四季咲き
花形	カップ咲き（数輪～数十輪の房咲き）
花色	黄緑色
芳香	超微香（グリーン香）
花径	4㎝
樹勢／耐病性	強い／強い
作出	横田園芸：日本（2007年）

ラディッシュ

ディープなカップ咲きで、春はシベをのぞかせて咲くが、その他の時季はシベが見えるまでには、雨が当たる地植えではあまり開かない。もともとは切り花品種で、花もちが非常によく、雨にも強い。花つきが大変よく、特に幼苗時には摘蕾をまめに行うとよい。

分類	ポリアンサ
樹形	半横張り性
樹高×幅	0.5m×0.5m
開花習性	四季咲き
花形	カップ咲き（数輪～数十輪の房咲き）
花色	淡桃色
芳香	超微香（グリーン香、ティー香）
花径	4㎝
樹勢／耐病性	強い／強い
作出	横田園芸：日本（2009年）

プチ ポワン

小輪でピンク色のポンポン咲き。たくさんの房になって咲く。繊細な可憐さが魅力。香りはティー香にパウダー香がのった優しい中香。コンパクトで株のまとまりがよく、鉢栽培に向く。品種名はフランス語で、刺繍の技法のひとつ「細かいステッチ」の意。

分類	ポリアンサ
樹形	横張り性
樹高×幅	0.6～0.9m×0.5m
開花習性	四季咲き
花形	ポンポン咲き（5～8輪の房咲き）
花色	ピンク色
芳香	中香（ティー香、パウダー香）
花径	4㎝
樹勢／耐病性	普通／普通
作出	河本麻記子：日本（2021年）

チャーリー ブラウン

小輪で茶色の八重咲き。房になって咲く。ミニチュアには珍しい、シックな色合い。落ち着いた花色は、寄せ植えの花材としても使える。黒星病になりやすいので注意が必要。コンパクトで株のまとまりがよく、鉢栽培に向く。

分類	ミニチュア
樹形	横張り性
樹高×幅	0.3～0.6m×0.5m
開花習性	四季咲き
花形	丸弁半八重咲き（3～5輪の房咲き）
花色	茶色
芳香	中香（ティー香）
花径	5㎝
樹勢／耐病性	普通／弱い
作出	河合伸志：日本（1996年）

小型〜中型シュラブ

シュラブとは、半つる性のバラのことです。
株の勢いが旺盛で、育てやすく、
新しい魅力的な品種が数多く発表されています。
半つる性とはいっても、木立性のように育てられ、
トレリスやオベリスクも仕立てることができます。
お好みに合わせて、いろいろな仕立て方を楽しんでください。

※小輪の花が咲くクライミング（つる性）も、鉢栽培に向くのでご紹介します。

レイニー ブルー

花は開ききると黄色いシベが見え、花色との相性もよい。枝はしなやかで扱いやすく、広い場所ならば自然樹形で楽しめる。小葉で、他のバラとも合わせやすい。初期生育は穏やかだが、数年で樹勢も強くなる。四季咲き性が強く、秋までよく咲く。

分類	シュラブ
樹形	横張り性
樹高×幅	1.5m×1.5m
開花習性	四季咲き〜返り咲き
花形	ロゼット咲き（3〜5輪の房咲き）
花色	ライラック色
芳香	微香（ムスク系香）
花径	8㎝
樹勢／耐病性	普通／普通
作出	タンタウ：ドイツ（2012年）

「珠玉（→P63）」の枝変わり品種。花色以外の性質は同じ。

玉《たま》鬘《かずら》

花は低温時には強く桃色がのる。花首は短く株いっぱいに花をつけ、花もちがよく、雨にも強い。木が充実すると秋にも返り咲くが、花数は少ない。枝はトゲが少なく、しなやかで誘引しやすい。強く切り戻しても開花するので、低いアーチにも仕立てられる。

分類	クライミング
樹形	つる性
樹高・伸長	2.0m〜3.0m
開花習性	弱い返り咲き
花形	カップ咲き（数輪の房咲き）
花色	淡桃色
芳香	超微香（ティー香）
花径	4㎝
樹勢／耐病性	強い／普通
作出	河合伸志：日本（2016年）

「マザーズデイ（→P59）」の枝変わりで、花色と樹形が変化。枝変わりでは珍しいケース。

珠玉《しゅぎょく》

花は低温時には強く桃色がのる。花首は短く株いっぱいに花をつけ、花もちがよく、雨にも強い。木が充実すると秋にも返り咲くが、花数は少ない。枝はトゲが少なく、しなやかで誘引しやすい。強く切り戻しても開花するので、低いアーチにも仕立てられる。

分類	クライミング
樹形	つる性
樹高・伸長	3.0m
開花習性	弱い返り咲き
花形	カップ咲き（数十輪の房咲き）
花色	朱赤色がのったオレンジ色
芳香	超強香（ティー香）
花径	4cm
樹勢／耐病性	強い／普通
作出	河合伸志：日本（2007年）

「珠玉」の枝変わりで、花色以外の性質は同じ。

紅玉《こうぎょく》

花は低温時には強く桃色がのる。花首は短く株いっぱいに花をつけ、花もちがよく、雨にも強い。木が充実すると秋にも返り咲くが、花数は少ない。枝はトゲが少なく、しなやかで誘引しやすい。強く切り戻しても開花するので、低いアーチにも仕立てられる。

分類	クライミング
樹形	つる性
樹高・伸長	3.0m
開花習性	弱い返り咲き
花形	カップ咲き（数十輪の房咲き）
花色	ローズ色が少しのった緋赤色
芳香	超微香（ティー香）
花径	4cm
樹勢／耐病性	強い／普通
作出	河合伸志：日本（2016年）

ローズ ポンパドール

花の中心部は、より濃い桃色になる。春の花は大輪だが、二番花以降は中輪になる。葉はやや光沢があり、比較的小葉で株や花とのバランスもよい。花首が細く花が大きいので、鉢で育てる場合でも支えが必要。小型のつるバラとして扱うのがよい。

分類	シュラブ
樹形	半横張り性
樹高×幅	1.5m×1.2m
開花習性	四季咲き～返り咲き
花形	カップ咲き～ロゼット咲き（1～3輪の房咲き）
花色	桃色
芳香	超強香（ダマスク香、フルーツ香）
花径	12cm
樹勢／耐病性	普通／普通
作出	デルバール：フランス（2009年）

コフレ

外側の花弁は緑色がのる。最初はカップ咲きで、咲き進むとロゼット咲きになる。春は多肥になるとボーリングする。その場合は早めに切り戻す。小型のつるバラとして扱うのがよい。二番花以降は花首が長くなるので、オベリスク仕立てがおすすめ。耐病性は「中」以上はある。

分類	シュラブ
樹形	半直立性
樹高×幅	1.5m×1.0m
開花習性	四季咲き
花形	単花咲き
花色	緑色がのったライラック色
芳香	中香（ティー香、ミルラ香）
花径	8cm
樹勢／耐病性	普通／普通
作出	河本麻記子：日本（2019年）

「夢乙女（→P53）」の枝変わりで、花色以外はほぼ同じだが、樹勢がやや強い。

雪あかり

花弁は厚く、雨にも強い。木が充実してくると、二番花までは春のように咲き、秋にも返り咲く。「夢乙女」と同様で節間が狭く、葉が混みやすいので、ハダニに注意が必要。耐病性もあり、無農薬栽培も可能。初心者にも育てやすい。

分類	クライミングローズ（ミニ）
樹形	つる性
樹高・伸長	2.0m
開花習性	弱い返り咲き
花形	ポンポン咲き（数輪の房咲き）
花色	白色
芳香	超微香（ティー香）
花径	3cm
樹勢／耐病性	強い／強い
作出	コマツガーデン：日本（2005年）

セプタード アイル

咲きはじめは桃色で、咲き進むと淡桃色になる。シュートは弧を描き、下垂して曲がった部分から枝が発生し、次々に花をつける。広いスペースならば、自然樹形で伸び伸びと咲かせるとよい。冬剪定で樹高の1/2くらいを目安に切り戻す。低いフェンスにも仕立てられる。

分類	シュラブ
樹形	横張り性
樹高×幅	1.5m×1.5m
開花習性	四季咲き～返り咲き
花形	カップ咲き（3輪くらいの房咲き）
花色	桃色
芳香	中香（ミルラ香）
花径	8cm
樹勢／耐病性	強い／強い
作出	デビッド オースチン：イギリス（1996年）

クイーン オブ スウェーデン

イングリッシュローズとしては珍しく、上を向いて咲く。中心部はボタンアイになる。枝にトゲは少なく、まっすぐに伸びる。二番花までは四季咲きのように咲き、夏は花数が少なくなるが、秋にはある程度の数と大きさの花が咲く。冬剪定では樹高の1/2～1/3くらいを目安に切り戻す。

分類	シュラブ
樹形	直立性
樹高×幅	1.5m×0.9m
開花習性	返り咲き
花形	カップ咲き（1～3輪の房咲き）
花色	桃色
芳香	中香（ミルラ香）
花径	7㎝
樹勢／耐病性	普通／強い
作出	デビッド オースチン：イギリス（2004年）

ペネロペイア

開花時の気温により、桃色をベースとして花色に幅が出る。弁先は波打ち、クラシック・ダマスク香にティー香がのる中香。返り咲き性が強く、低いフェンスやオベリスクにも仕立てられる。春の花をメインに楽しむなら、アーチでもよい。黒点病やうどん粉病に強い。

分類	シュラブ
樹形	半直立性
樹高×幅	1.6m×1.0m
開花習性	四季咲き～返り咲き
花形	波状弁平咲き（2～3輪の房咲き）
花色	アプリコット色がのった桃色（白っぽくなることもある）
芳香	中香（クラシック・ダマスク香、ティー香）
花径	8㎝
樹勢／耐病性	強い／強い
作出	木村卓功：日本（2018年）

レディ オブ シャーロット

花弁の内側は、ほんのりと桃色がのる。花弁が薄く枚数が多いので、長雨時にボーリングしやすい。枝は細くて節間が広く、華奢な印象だが自立できる。シュートの先端は弧を描き、やや下垂する。つる性のように誘引すると高く伸び、アーチにも仕立てられる。

分類	シュラブ
樹形	直立性
樹高×幅	1.5m×1.0m
開花習性	返り咲き
花形	カップ咲き（2～3輪の房咲き）
花色	濃いオレンジ色
芳香	中香（ティー香）
花径	8㎝
樹勢／耐病性	強い／強い
作出	デビッド オースチン：イギリス（2009年）

ザ ミル オン ザ フロス

やや小ぶりな中輪。花弁の先にローズ色がのって覆輪《ふくりん》となり、開くとボタンアイになる。花弁の先は尖り、美しい花の形が長く続く。フルーツ香にティー香がのる中香。花首が長く、一般的なシュラブ品種より樹高があり、小型のつるバラとして扱うこともできる。

分類	シュラブ
樹形	半直立性
樹高×幅	1.4m×1.0m
開花習性	返り咲き
花形	カップ咲き（5～8輪の房咲き）
花色	淡桃色
芳香	中香（フルーツ香、ティー香）
花径	7㎝
樹勢／耐病性	普通／普通
作出	デビッド オースチン：イギリス（2018年）

エミリー ブロンテ

花が咲く時季の気温で色幅があり、ボタンアイにもなる。房で咲くと花はやや下垂する。ティー香にフルーツ香の中香。強さは中程度だが、成木になれば強くなる。コンパクトで木立性品種のように扱え、鉢植えに向く。木立性のシュラブの場合は、フロリバンダに準じた管理がよい。

分類	シュラブ
樹形	半直立性
樹高×幅	1.4m×1.2m
開花習性	四季咲き
花形	ロゼット咲き（3～5輪の房咲き）
花色	桃色がのる淡いアプリコット色
芳香	中香（ティー香、フルーツ香）
花径	8㎝
樹勢／耐病性	普通／普通
作出	デビッド オースチン：イギリス（2018年）

ムンステッド ウッド

咲きはじめはカップ咲きで、咲き進むとロゼット咲きになり、黄色いシベをのぞかせる。外側の花弁は、より紫色が濃くなる。トゲは多いが、枝はしなやかでうつむき気味に咲く。冬剪定では樹高の1/2くらいを目安に切り戻す。古枝や夏以降のシュートにも花が咲く。

分類	シュラブ
樹形	半横張り性
樹高×幅	1.2m×1.0m
開花習性	四季咲き
花形	ロゼット咲き（3～5輪の房咲き）
花色	黒赤色
芳香	強香（ダマスク香、フルーツ香）
花径	8㎝
樹勢／耐病性	普通／普通
作出	デビッド オースチン：イギリス（2007年）

PART

3

鉢バラづくり
12か月

一年の間に何回も花を咲かせてくれるのは、
植物の中でバラだけではないでしょうか。
それだけに、月ごとにお手入れのコツがあります。

年間スケジュール

季節ごとの作業（関東以南が基準）のポイントを、
しっかりおさえておくことが大切です。

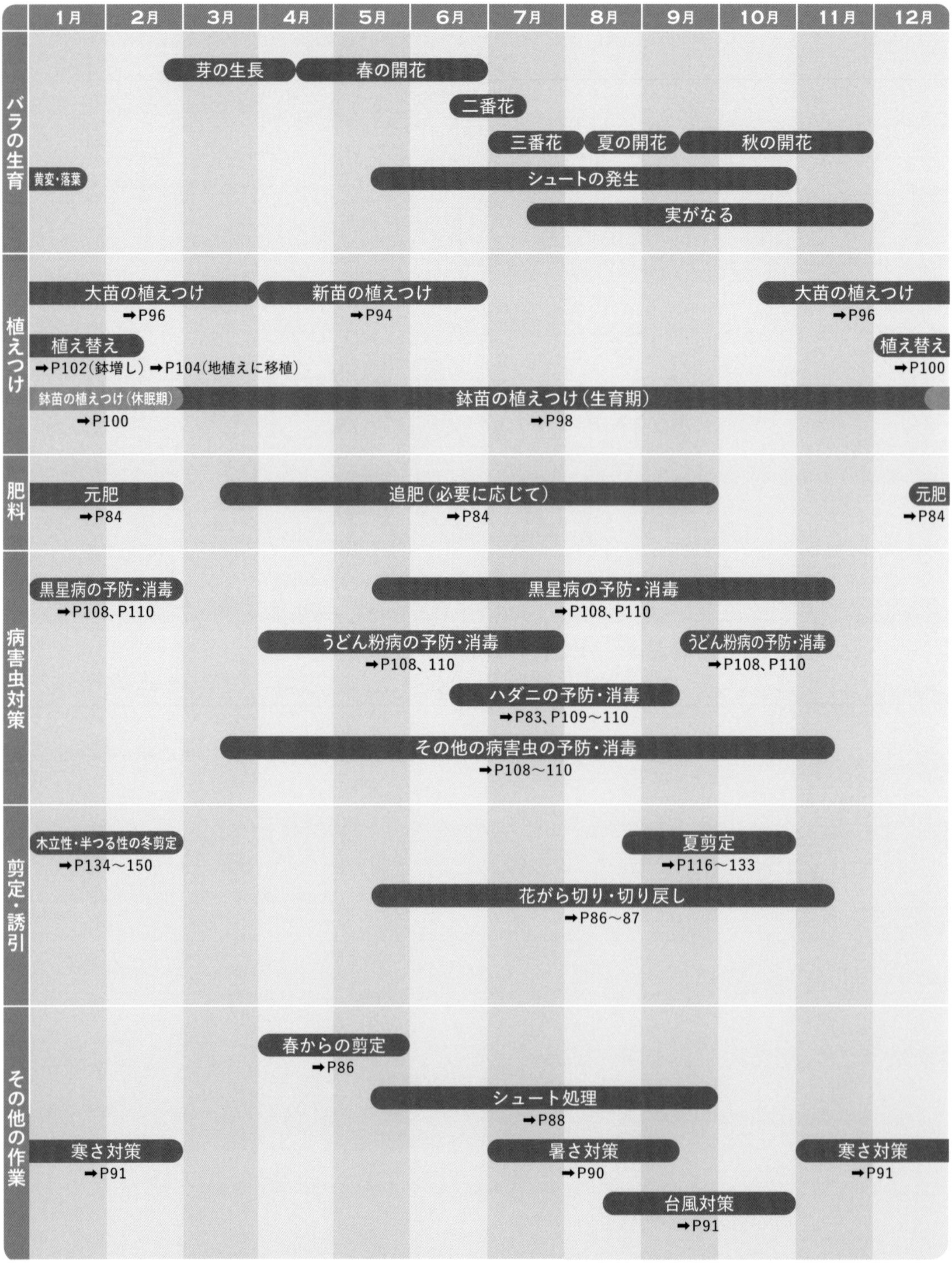

1月
2月
3月
4月
5月
6月
7月
8月
9月
10月
11月
12月
バラの生育
芽の生長
春の開花
二番花
三番花
夏の開花
秋の開花
黄変・落葉
シュートの発生
実がなる
植えつけ
大苗の植えつけ
➡P96
新苗の植えつけ
➡P94
大苗の植えつけ
➡P96
植え替え
➡P102（鉢増し）➡P104（地植えに移植）
植え替え
➡P100
鉢苗の植えつけ（休眠期）
➡P100
鉢苗の植えつけ（生育期）
➡P98
肥料
元肥
➡P84
追肥（必要に応じて）
➡P84
元肥
➡P84
病害虫対策
黒星病の予防・消毒
➡P108、P110
黒星病の予防・消毒
➡P108、P110
うどん粉病の予防・消毒
➡P108、110
うどん粉病の予防・消毒
➡P108、P110
ハダニの予防・消毒
➡P83、P109～110
その他の病害虫の予防・消毒
➡P108～110
剪定・誘引
木立性・半つる性の冬剪定
➡P134～150
夏剪定
➡P116～133
花がら切り・切り戻し
➡P86～87
その他の作業
春からの剪定
➡P86
シュート処理
➡P88
寒さ対策
➡P91
暑さ対策
➡P90
寒さ対策
➡P91
台風対策
➡P91

1月

新しい用土で植え替える

鉢バラの用土替えは、休眠期に行います。バラにとっていちばん重要な剪定作業もあるので、早めに進めて、春を待ちましょう。

植え替えは根の状態がよくわかり、とても貴重な作業です。

バラの作業

- **大苗の植えつけ**（→P96）
- **同じ鉢に植え替え**（→P100）
- **鉢増し**：鉢と株のバランスを見て（→P102）
- **移植**：鉢植えから地植えに（→P104）
- **剪定**：半つる性バラの誘引（→P144〜145）

バラの管理

剪定（→P112）

休眠期には強剪定をして、バラの樹高を低くすることができます。混み合った古枝を株元から切って整理すると、老化が進むのを防ぎ、病害虫も減ります。枝が減ると根の負担も減り、シュートが出やすくなります。

肥料やり（→P84）

鉢バラの場合、用土替え時に元肥を入れるので、肥料は3月下旬までか、芽が伸びはじめるまで不要です。

置き場（→P82）

霜や冷たい風の当たらない南側に置きましょう。

水やり（→P83）

乾いたらたっぷり与えます。午前9時から午後2時の暖かいときに水やりをします。早朝や夕方以降の時間帯は避け、土が凍らないようにします。土が凍って何日も解けない場合は、自然に解けてから水やりをしましょう。

病害虫（→P108）

カイガラムシは、歯ブラシなどで取り除いてから、カイガラムシ対策用のスプレーをかけます。また、植え替えのときにコガネムシの幼虫が出てきたら、用土にコガネムシの幼虫に効く粒剤を混ぜ、次からは根を食害されないように予防しましょう。

2月

木立性バラの剪定や半つる性バラの剪定・誘引

バラの根が動きはじめ、春の準備に入ります。まだ剪定が済んでいない方は、急ぎましょう。鉢バラの用土替えや移植も、2月中に行います。

雪が降ったら、購入したばかりの苗は、外の暖かい場所へ移動しましょう。

バラの作業

- **大苗の植えつけ**（→P96）
- **同じ鉢に植え替え**（→P100）
- **鉢増し**：鉢と株のバランスを見て（→P102）
- **移植**：鉢植えから地植えに（→P104）
- **剪定**：半つる性バラの誘引（→P144〜145）

バラの管理

剪定（→P112）
剪定は遅くても2月中に済ませましょう。半つる性バラも、根が動きはじめると芽吹いてくるので、早めの誘引をします。

肥料やり（→P84）
鉢植えの場合、肥料は不要です。用土替えをしていない場合は、2月中に元肥を入れた用土で植え替えましょう。

置き場（→P82）
霜や冷たい風の当たらない南側に置きましょう。

水やり（→P83）
乾いたらたっぷり与えます。午前9時から午後2時の間に水やりをします。早朝や夕方以降の時間帯は避け、土が凍らないようにします。土が凍って何日も解けない場合は、自然に解けてから水やりをしましょう。

病害虫（→P108）
カイガラムシは、歯ブラシなどで取り除いてから、カイガラムシ対策用のスプレーをかけます。冬でも1か月に一度は、病害虫用の予防消毒をしましょう。

3月

芽吹いてきたら一番花への準備をはじめる

バラの根が活動しはじめ、いよいよ本格的な芽吹きのシーズン。3月下旬になると芽が展開してきます。毎日の変化を楽しみながら観察しましょう。

芽吹きの色は品種によってさまざまです。この時季は、芽吹きを楽しんで。

バラの作業

- **脇芽かき：**芽が1か所からたくさん出てきたら脇芽をかき、枝数を絞り込んで栄養を集中させる（→P86）
- **同じ鉢に植え替え：**用土替えをしていない場合は、上旬までに済ませる（→P100）

バラの管理

剪定（→P112）

上旬までにすべての剪定を終えましょう。長すぎる枝、冬枯れした枝はもう一度切り戻し、樹形を整えます。

肥料やり（→P84）

芽が1㎝以上伸びたら、追肥をしましょう。鉢の大きさや株の大きさで量は異なります。幼苗の場合、3月の内は規定量の3分の2ほどにすると、肥料焼けを防ぐことができます。規定量より薄めの液肥や活力剤も週に1～2回与えると、ぐんと伸びがよくなります。

置き場（→P82）

一日中よく日が当たる場所に置きます。鉢と鉢の間隔を空けて、風通しをよくしましょう。

水やり（→P83）

表土が乾いたら、鉢の底から水が出るくらい、たっぷり与えましょう。

病害虫（→P108）

芽が伸びはじめるお彼岸頃を目安に、病害虫の予防薬剤散布をします。庭を観察して、他の樹木や草花に害虫がいないかも見てください。

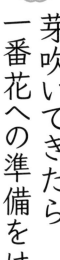

4月

早咲きの品種は4月から開花 急な気温差や強風に注意

日増しに気温が上がり、急に芽吹きが進みます。突然の強風（春一番）で枝が折れたり、蕾が傷ついたりします。この時季の急な天候の乱れや気温差には、注意が必要です。

バラの作業

- **肥料やり**（→P84）
- **花がら切り**（→P86）
- **切り戻し**：伸びた枝の整理・誘引（→P87）
- **新芽のソフトピンチ**（→P88）
- **新苗の植えつけ**（→P94）
- **病害虫予防**（→P108）

蕾の中から花弁の色が見えてきたら、もうすぐ開花のサインです。

バラの管理

剪定（→P112）

特に弱っている株や、まだ小さい苗は、蕾を手で摘み取りましょう。ブラインド枝は、10㎝切り戻します。下葉が混みすぎたら葉を取り、風通しをよくします。

肥料やり（→P84）

葉の色が黄緑色の場合は、さらに追肥が必要です。肥料によって与える間隔は異なるので、表示をよく見て適切に与えましょう。薄めの液肥と活力剤を、水代わりに週1〜2回与えます。

置き場（→P82）

一日中よく日が当たる場所に置きます。鉢と鉢の間隔を空けて、風通しをよくしましょう。強風で鉢が倒れて枝が折れないよう、対策をしましょう。

水やり（→P83）

表土が乾いたら、鉢の底から水が出るくらい、たっぷり与えましょう。水を与えているのに枝先がしおれたら、シリンジ（葉水）をしてみましょう。

病害虫（→P108）

チュウレンジハバチ、バラクキバチ、アブラムシが多くなります。消毒の回数を増やし、花を傷める虫が寄りつかないようにします。消毒はこの時期には週1回が目安です。

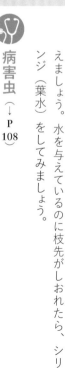

5月 満開の花を楽しみながら病害虫予防も

厳しい冬の作業が、ついに実るときです。一番花はとても美しく、見ているだけで、心が癒されます。ただ、バラの開花時期は、害虫たちも活発になるので注意が必要です。

お手入れの答えがわかる時季。きれいに咲くと笑顔がこぼれます。

バラの作業

- **脇芽かき**（→P86）
- **摘蕾**（→P86）
- **花がら切り**（→P86）、**切り戻し**（→P87）
- **ブラインド処理**（→P87）
- **ベーサルシュートのピンチ**（→P88）
- **新苗の植えつけ**（→P94）

バラの管理

剪定（→P112）

花がら切りは毎日しましょう。さらに、一番花の咲き終わった枝から全体の高さの3分の1くらいまで切り戻すか、花がらのみ切っておいて、すべての花が終わったら、いっせいに切り戻します。幼苗や弱った株の蕾は、咲かせずに摘蕾しましょう。ベーサルシュートが出たら、シュート処理も忘れずに。

肥料やり（→P84）

開花時期の肥料は控えましょう。多肥になると、次に咲く花の形が乱れる（ボーリング等→P85）ことがあります。

置き場（→P82）

できるだけ直射日光が長く当たる場所に置きます。

水やり（→P83）

晴天が続き、日光が一日中当たる場所なら、1日に1～2回水を与えます。水切れを起こすと、ブラインド枝になりやすく、蕾が黄変して落ちてしまうこともあります。ハダニ予防として、水やり時にシリンジ（葉水）をしましょう。ただし夕方の水やりは葉にかけず、鉢の縁からそっと与えます。

病害虫（→P108）

クロケシツブチョッキリ（バラゾウムシ）、コガネムシ類、チュウレンジハバチ、ハダニ、黒星病、うどん粉病など、週1回の薬剤散布で予防しましょう。

6月

四季咲きは二番花の蕾がついて咲きはじめる

一番花の遅咲きが終わり、四季咲きバラは二番花の蕾が見られるようになります。梅雨に入る前に、枝抜きなどの作業を終わらせると、病害虫の予防になります。

梅雨の季節。雨の雫をまとった姿も、風情があります。

バラの作業

- **脇芽かき**（→P86）
- **摘蕾**（→P86）
- **花がら切り**（→P86）
- **ベーサルシュートのピンチ**（→P88）
- **新苗の植えつけ**（→P94）
- **鉢増し：**表土の乾きが早い場合（→P98）

バラの管理

剪定（→P112）

花が咲き終わった株から、全体の高さの3分の1くらいまで切り戻しをします。混み合った株元の枝や葉は、株元の地際より10～20㎝のところで切って取り除きます。枝や葉を減らすことによって、株元に日光や風が入るようになり、ベーサルシュートが出やすく、病気予防にもつながります。

肥料やり（→P84）

一番花後に追肥をします。弱った株には活力剤を水代わりに与え、バラ用液肥も与えるとシュートが出やすくなります。

置き場（→P82）

日がよく当たる風通しのよい場所に置きます。黒星病になったバラの鉢植えは、雨の日のみ軒下へ移動しましょう。

水やり（→P83）

表土が乾いたら、鉢の底から水が出るくらい与えましょう。少量の雨では水が足りないことがあります。朝にたっぷり与えても昼にしおれるなら、鉢増しのタイミングです。

病害虫（→P108）

クロケシツブチョッキリ（バラゾウムシ）、コガネムシ類、チュウレンジハバチ、ハダニ、黒星病、うどん粉病など、週1回、薬剤散布をして予防しましょう。カミキリムシの被害がないか枝・株元を毎日観察し、見つけたら早めに対処します。

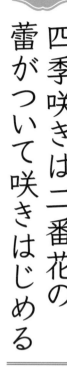

7月

水やりに注意 病気を見つけたら即対策

朝・夕方、水を欲しがることも……。バラの声に耳を傾けて。

バラの作業

- **摘蕾**（→P86）
- **花がら切り**（→P86）
- **ベーサルシュートのピンチ**（→P88）
- **暑さ対策**（→P90）
- **鉢増し：**6号鉢の新苗は、生長したら8号鉢へ鉢増し（→P98）

梅雨明け近くになると、鉢バラはいちばん水を必要とする時期です。耐暑性の弱い品種は、西日を避ける工夫をしましょう。

バラの管理

剪定（→P112）

この時期は、体力温存のために、摘蕾するとよいでしょう。株に勢いがつくと、ベーサルシュートが出るので、先端をソフトピンチすると一旦生長が止まりますが、さらに先端から勢いよく枝が伸び出します。蕾がついたら、もう一度ソフトピンチすると、枝が木質化します。

肥料やり（→P84）

葉の色が黄緑色の場合は、与えます。

置き場（→P82）

なるべく東側へ置き、西日を避けます。

水やり（→P83）

朝にたっぷり与えても夕方にしおれるなら、葉にかからないようにそっと水を与えます。この時期、ハダニがつきやすいので、週2〜3回はシリンジ（葉水）をしましょう。また、根腐れ防止のために、水はけをチェックすることも大切です。

病害虫（→P108）

黒星病、灰色かび病、枝枯れ病、アザミウマ（スリップス）、ハダニ、ヨトウムシなどが多くなります。梅雨明けに葉が病気で落ちてしまっても、肥料を少なめに与え、こまめに消毒をしましょう。

8月

夏バテ対策や台風対策を早めに

バラも夏バテ気味になります。暑さ対策（二重鉢等）をし、水はけをよくし、夏剪定を8月下旬から9月上旬にはじめます。台風対策も早めにできるように準備しておきましょう。

夏バテになる前に、きちんと備えておくと安心です。

バラの作業

- **摘蕾**（→P86）
- **花がら切り**（→P86）
- **ベーサルシュートのピンチ**（→P88）
- **暑さ対策**（→P90）
- **台風対策**（→P91）
- **鉢増し**：6号鉢の新苗は、生長したら8号鉢へ鉢増し（→P98）
- **夏剪定**（→P116）
- **半つる性のバラの枝抜き・枝止め**（参考→P124〜127）

バラの管理

剪定（→P112）

夏剪定は8月30日から9月10日を目安に行います。夏剪定をすると、春花のように大きく立派な花が咲きます。夏剪定をせず、秋までちらほら咲かせて楽しんでもよいでしょう。

肥料やり（→P84）

夏に肥料を与えていなかったら、8月中旬以降、秋の芽を出すための肥料を与えます。液肥と活力剤も与えると、さらに効果的です。

置き場（→P82）

なるべく東側へ置き、西日を避けます。

水やり（→P83）

朝はたっぷり与え、日中に乾かないようにします。それでも、夕方になって葉がしおれるようなら、葉にかからないようにそっと水を与えます。この時季、ハダニがつきやすいので、週2〜3回はシリンジ（葉水）をしましょう。また、根腐れ防止のために、水はけをチェックすることも大切です。

病害虫（→P108）

カミキリムシ、コガネムシ、クロケシツブチョッキリ（バラゾウムシ）などに要注意。8月中旬には、黒星病の治療薬を散布して、秋雨に備えましょう。

9月

夏剪定を済ませて秋花開花に間に合わせる

中旬になると涼しくなり、バラも元気を取り戻しはじめます。10月下旬から11月の秋花に間に合うように、9月上旬までに剪定を済ませましょう。

「夏剪定する派？ しない派？」あなたはどちらですか。

バラの作業

- **鉢増し**：根詰まりした鉢バラの植え替え（→P98）
- **鉢バラを地植えにする**（→P104）
- **夏剪定**：遅くても9月15日頃までに行う（→P116）

バラの管理

剪定（→P112）

残暑の年であっても、遅くても15日までに全体の高さの3分の1くらいまで切り戻します。混み合った枝は切り落としましょう。

肥料やり（→P84）

芽出し肥として固形肥料を与えます。液肥も与えると、なおよいです。

置き場（→P82）

日照時間がだんだん短くなってきます。日当たりのよい暖かな場所に置きましょう。

水やり（→P83）

表土は少しずつ乾きづらくなってきます。表土の乾きだけでなく、枝先がしおれていないか、毎日観察しましょう。水やりのサインがあれば、鉢の底から水が出るくらい、たっぷり与えましょう。この時季、ハダニがつきやすいので、週2〜3回はシリンジ（葉水）をしましょう。

病害虫（→P108）

病害虫が多く発生する時季です。秋バラの開花までは、オオタバコガ、チュウレンジハバチ、ホソオビアシブトクチバ等の幼虫を孵化させせないように、卵を指やピンセットで落とします。蕾のまわりの葉、ガク、葉の裏もチェックしましょう。

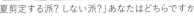

10月

病害虫の防除をしながら秋バラを存分に楽しむ

涼しい風が吹き、ようやく秋バラの開花がはじまります。秋バラは「人の手で咲かせる」といってもよいくらい、初夏からのお手入れで決まります。

秋バラは花数が少ないですが、花が大きくて深い色合いが魅力です。

バラの作業

● **花がら切り**（→P86）

バラの管理

剪定（→P112）

汚くなった葉や花がらを取り除きます。次回の剪定は冬季（1〜2月）に行います。

肥料やり（→P84）

葉が黄緑色なら、肥料を与えます。

置き場（→P82）

少しでも日照時間の長い場所へ、鉢を移動しましょう。

水やり（→P83）

表土が乾いたら、鉢の底から水が出るくらい、たっぷり与えましょう。

病害虫（→P108）

9月と同様に、病害虫が多く発生するので防除しましょう。秋バラの開花までは、オオタバコガ、チュウレンジハバチ、ホソオビアシブトクチバ等の幼虫を孵化させないように、卵を指やピンセットで落とします。蕾のまわりの葉、ガク、葉の裏も注意して見ましょう。

11月

大苗購入をはじめる時期 霜が降りる前に花を飾る

霜が降りる前に、早めに花を切り、室内に飾って楽しみましょう。

バラの作業

- 花がら切り（→P86）
- 大苗の購入・植えつけ（→P96）

冬の大苗が出まわりはじめます。霜が降りる予報が出たら、花は切って室内で楽しみましょう。ローズヒップがオレンジから赤へと色づく頃です。

バラの管理

剪定（→P112）
汚くなった葉や花がらを取り除きます。次回の剪定は冬季（1～2月）に行います。

肥料やり（→P84）
肥料は不要です。

置き場（→P82）
少しでも日照時間の長い場所へ、鉢を移動しましょう。

水やり（→P83）
表土が乾いたら、鉢の底から水が出るくらい、たっぷり与えましょう。

病害虫（→P108）
うどん粉病、黒星病、灰色かび病に注意しましょう。葉が落ちたら、カイガラムシがついていないかチェックしましょう。

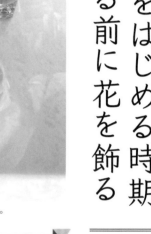

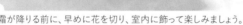

12月

土の表面が凍らないうちに鉢の用土替えをする

12月になっても葉がまだ落ちていないなら、病害虫防除、水やり、肥料やりができている証拠です。土の表面が凍らないうちに、鉢の用土替えを済ませましょう。

特別なバラは鉢にも凝りたい。ウィッチフォードのレア鉢です。

バラの作業

- **肥料やり：** 鉢の場合は、植え替えのときに元肥を入れる（→P84）
- **大苗の植えつけ**（→P96）
- **同じ鉢に植え替え**（→P100）
- **鉢増し：** 鉢と株のバランスを見て（→P102）

バラの管理

剪定（→P112）
休眠期（12月末~2月末）には強剪定をして、バラの樹高を低くすることができます。混み合った枝を株元から切って整理すると、老化が進むのを防ぎ、病害虫も減ります。

肥料やり（→P84）
肥料は不要です。

置き場（→P82）
購入したばかりの大苗は、土が凍っても日中に解ける場所、東南へ移動します。寒冷地は玄関内などへ置き、鉢ごと凍らないように注意しましょう。

水やり（→P83）
様子を見て、乾いたらたっぷり。暖かい日の午前中に与えます。

病害虫（→P108）
冬季はマシン油などで、害虫（カイガラムシ、ハダニ）を退治できます。冬しか使えないので、積極的に使用しましょう。

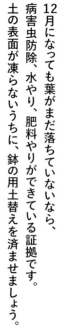

PART

4

鉢バラの育て方

あなたのバラが、健やかに育って、
美しい花を咲かせてくれますように……。
育て方のポイントを詳しくご紹介しましょう。

置き場

バラの生育をもっとも左右するのが日当たりです。生育期間は4～10月。日当たりのよい場所に置くだけで、楽に育てることができます。

バラが喜ぶ
鉢の置き場の順位
8時間たっぷり日が当たる場所を選ぼう。
5位
北
おすすめではない場所。半日陰でも育ちやすい品種を選ぶとよい。
4位
西
午後からしっかり日が当たれば育つ。ただし、夏は水やりに注意。
3位
東
生育はゆっくりだが、理想的な場所。
2位
南
バラは日の方向へ伸びる性質がある。フェンスが南向きの場合は、庭の外側に向いて花が咲いてしまう。
1位
東南
もっとも理想的な置き場所で、バラがよく育つ。

直射日光を8時間当てる

バラの栽培に欠かせないのは、日光と水と肥料。その中でも日光は重要です。一日2～3時間しか日が当たらない場所ではうまく育ちません。朝日から夕日まで8時間くらい、たっぷりと直射日光を浴びる場所がベスト。最低でも半日（5時間）は必要です。

鉢の置き場所の理想は「東南」

東南が一番で、次に南、東、西、北の順です。西側でも午後から日が当たればよいのですが、夏の水やりに注意が必要です。南側では花がフェンスの外側に向かって咲きがちなので、外側の枝の誘引を少なめにして内側の芽にも日が当たるようにします。北側では、半日陰でも育ちやすい品種を選びましょう。「鉢植えは動かせる」という利点を活かせます。

※東南が理想ですが、猛暑の時期は遮光が必要です。

季節に合わせて、水やりの回数を変える（目安）
冬：7～10日に1回 ※土が凍っているときは与えない
春：2～3日に1回 ※乾き具合をよく見て判断
夏：1～2日に1回
秋：2～3日に1回

水やり

園芸には「水やり3年」という言い伝えがあります。植物の生育リズムを知り、水やりのタイミングと量を見極めるには、3年かかるという意味です。

タイミングと量を見極める

バラは水を欲しがる植物ですが、与えるタイミングと量を間違えると生育不良を起こしてしまうので、よく観察してコツをつかみましょう。バラを枯らしてしまう二大原因は「水やりを忘れた」「水をかけすぎて、根腐れを起こした」で、「水のやらなさすぎ」「水のやりすぎ」があります。では、どのようにすればよいのでしょうか。

根は水分を求めて伸びていくので、適度な乾燥も必要です。また、必要なときにたっぷり与えられることで根も健やかに生長します。水やりは、必ず表面の土が乾いてきたか、頂部の葉がしおれはじめたかを見てから、たっぷりと鉢底から水が出るくらい与えます。

ジョウロにハス口をつけて、細かい水流で与えてください。強く叩きつけると土が砕けて、鉢の中の通気性が悪くなります。鉢植えの場合は、鉢の縁から土の表面が5㎝くらい下がるように植えつけます。この空間をウォータースペースといいます。水をたっぷり与えると、ここにたまってからゆっくり下へ落ちていくようにするためです。一粒一粒の土の中心部まで水が浸み渡って、土の水分量が確保されます。

季節ごとの水やりの回数

水やりの目安は、冬は7～10日に1回です。土が凍っているときは与えないでください。春は2～3日に1回（乾き具合をよく見て判断）、夏は1～2日に1回、秋は2～3日に1回になります。なお、夕方は黒星病になりやすいので、葉にかからないように水やりをしましょう。

シリンジ（葉水）をする

春から秋にかけて、水やりと同時に葉裏に強めのシャワーをかけ、害虫（ハダニ）やホコリを飛ばします。この時季は週に1～3回のシリンジを、続けてください。

肥料やり

バラの休眠期には元肥を、生長期には追肥（1～2か月に1回）を行います。パッケージの表示通りに使用しましょう。

三大栄養素の主な働き

N（チッ素）：葉を茂らせる
P（リン酸）：花や実を立派にする
K（カリ=カリウム）：根を生長させる
市販の肥料は「N・P・K」の割合が異なり、作用も異なります。微量栄養素（マグネシウム、カルシウム）が含まれているものもあります。

肥料の種類・働き・使い分け

肥料にはさまざまな種類があり、生育に合わせて使い分けることが大切です。大きく二つに分けると、バラを植えるときに与える「元肥《もとごえ》」と、その後の生長に合わせて施す「追肥《ついひ》」があります。

元肥は用土に混ぜ込み、根にじっくりと長く効かせる「緩効性固形肥料」を使います。追肥は主に生育期に与える「固形肥料」と「液体肥料」があり、速効性で水に溶けるタイプと、気温の上昇につれて溶けるタイプがあります。鉢植えの場合、基本は固形肥料を使い、補助的に液肥を追肥します。

原料は油《あぶら》かすや鶏《けい》ふんなど、主に動物由来の「有機肥料」と、化学合成された「化成肥料」があります。有機肥料は一度分解されてからバラに吸収されるので、ゆっくりと効きます。土中の微生物を増やすので、地植えの場合は特におすすめです。

固形肥料

粉状・粒状・固形の状態の肥料のことです。油かすや骨粉《こっぷん》などの動物性・植物性の有機質を使って固めてつくる有機肥料と、化学的に合成された化成肥料に分かれます。肥効《ひこう》（肥料の効き方）や原料の性質で、呼び名が変わることがあります。液体肥料より、ゆっくりと効くタイプが多いです。

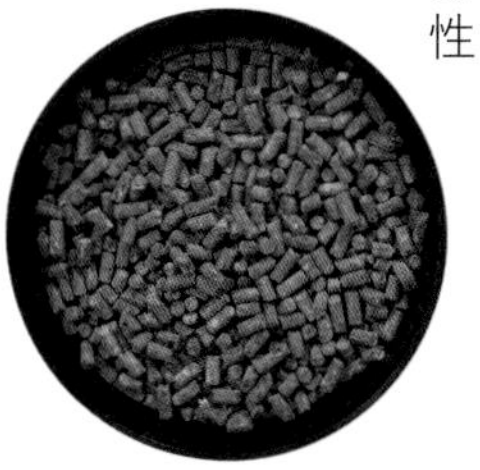
コマツガーデンの固形肥料

液体肥料

液肥《えきひ》とも呼ばれ、有機と化成があり、主に追肥として使用。速効性（効き目がすぐに出やすい）のものが多く、希釈するタイプとそのまま使えるタイプがあります。

バイオゴールド ヴィコント 064
花数を増やす、花径を大きくする、花色を鮮やかにするなど、花や実に効果がある液体補助肥料。

ヴィコント 564 ネオ
植物細胞のエイジングに着目し、葉を増やしたり、葉色を濃くしたり、生長を加速させたりする。

多肥による弊害

多肥による根やけを起こすと、花が変形したり、ボーリングして開かなかったり、ひどいときは枯死します。肥料は表示されている量と期間を守ることが非常に大切です。少し弱っているバラには肥料を与える間隔を空け、様子を見ながら量も小分けに与えるとよいでしょう。チッ素肥料を与えすぎると、うどん粉病になりやすくなります。

正常な花

多肥で花が変形

ボーリング

肥料不足の兆候

4月に葉がいっせいに広がりだすと、あちこちで黄緑色っぽい葉をしているバラを見かけます。黄緑色できれいですが、あきらかにチッ素不足です。そのままでは、花つきも悪くなります。もちろん、生育不良になりますから枝も脆弱《ぜいじゃく》です。肥料を一度切らしてしまうと、すぐに与えてもなかなか元の緑色には戻りません。肥料は切らさずに、与え続けることが大切です。

活性液の効果を検証

活性液や活性剤（活力剤）を、与えるかどうか迷われる方も多いでしょう。コマツガーデンで何種類か使用してみた結果、弱った株には効果が見られました（根の弱り具合にもよる）。逆に、元気な株にはあまり効果はありませんでした。

特に山梨の夏は酷暑といわれるくらいの暑さで、朝か夕方に活性液を葉面散布・土中灌水すると調子がいいです。9月中旬になると、与えていた鉢のほうが、暑さによる根傷みから早く回復しました。

植え替え時や傷みの出たときも、活性液を与えると効果があるようです。ただし、活性液には肥料効果はないので、肥料は別にきちんと与えます。弱った株の場合は、回復してから与えましょう。

バイオゴールド バイタル
艶のある葉、強く活力のある根にするための補助資材。天然成分の入った活性液。

春からの剪定

日に日に暖かくなり、バラの芽も一気に伸び出します。3月下旬からは、芽かき・摘蕾・花がら切りなどの作業で忙しくなります。

芽かき

芽かきの作業をしなくても、バラは咲きます。一度試しに行ってみて、花の様子を見てください。好みで行えばよいでしょう。

脇芽かき

バラは1か所に3個の芽がついています。多くは真ん中の大きい芽が動いて伸び出します。続いて脇芽が出はじめます。このとき2芽か3芽が伸びたら、小さくて弱そうな芽を1芽か2芽かき取ります。こうすることで混み合うことが避けられ、残した芽に集中して栄養が運ばれるので、大きな花を咲かせることができます。

株元近くに内側を向いた芽があり、株の中心あたりが混み合いそうな場合もかき取り、株元の風通しをよくしましょう。

摘蕾

「せっかく出てきた蕾を摘み取るなんて、かわいそうでできない」といわれる方も多いのですが、バラを生育させるための大事な作業です。特に苗と呼ばれる幼苗期・新苗・大苗のときに蕾を摘み取ることで、葉が茂って栄養がたまり、株を早く大きく育てることができます。

3年生のしっかりした株になったら、4月頃に一部の蕾を摘み取ると、花の咲く時期をずらすことができ、開花期間が長くなります。

なお、弱った株は摘蕾することによって、株の消耗を防いで回復しやすくなります。

花がら切り

花が咲いているといつまでも見ていたいものですが、株の消耗を考えて、できるだけ早めに花を切って株の負担を減らしましょう。切る目安は、花弁の外側が薄茶色に汚れてきた状態。

花びらが散る前に花首から切ります。

房咲きのバラは3～5輪の蕾がつくので、汚くなった花から一輪ずつ切って、まだ蕾の部分は残します。

咲き終わってくると、毎日の作業が忙しいのですが、美しい花を楽しみながら、切り進めましょう。切った花は地面に落とさずに片づけ、できるだけ株元はきれいにしておきます。この後、すべての花が終わった株から、切り戻しの作業に入ります。

切り戻し

花がら切りと切り戻しを、同時にひとつの作業で終わらせることもできます。その場合には、花の開花時期は徐々にずれて咲きます。二番花は一番花の開花で株が弱ってきますし、夏に向かって暑くなるので一番花より小さく花弁も少なくなります。

枝先から20㎝くらい下のところで切り戻します。五枚葉を1～2枚つけて切るとよいでしょう。切る位置は、五枚葉のすぐ上の5㎜くらいです。

ブラインド処理

寒さや日当たりの影響によって、枝先に花芽がつかない枝のことをブラインド枝といいます。四季咲き性のバラの場合は、このブラインド枝を大きな葉の上で切ると花芽が出てくることがあります。また、放置しても、後に花芽が出てくることもあります。

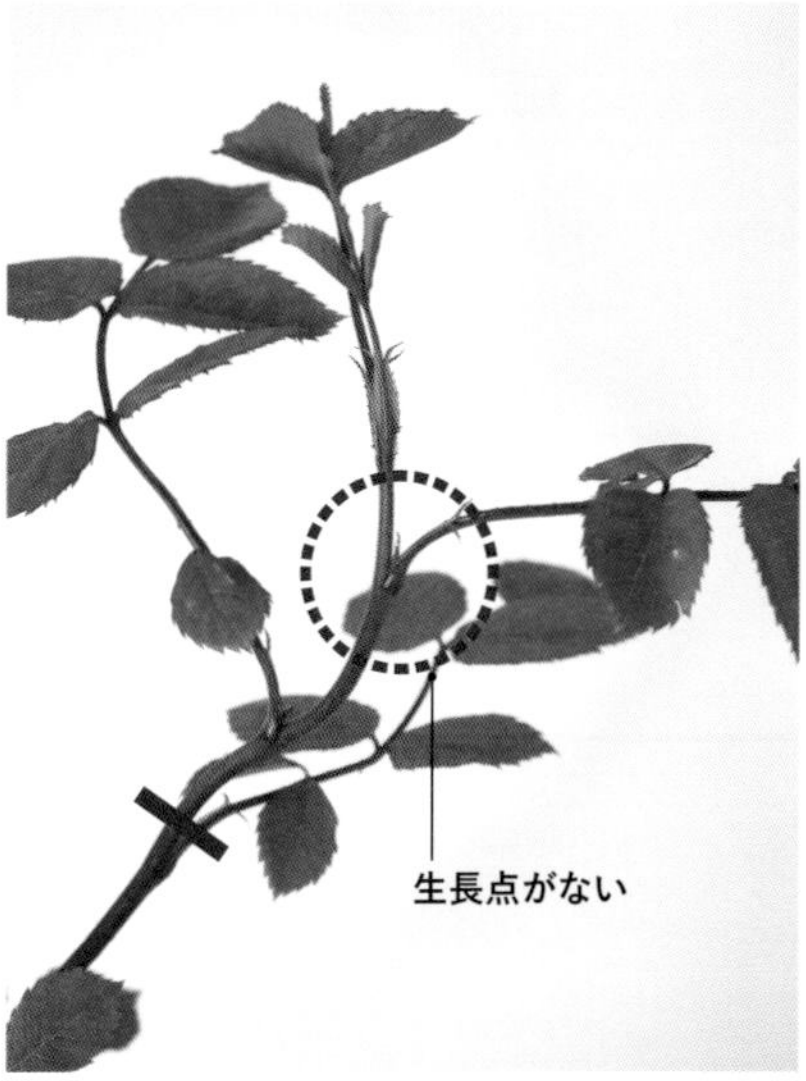

出開き

枝から直接、葉が数枚出てきて、それ以上増えないことを出開《でびら》きといいます。ほとんどが株元近くから出て、他の葉の陰になって通気性が悪い状態です。

病害虫の被害にあいやすいので、見つけたら切り取りましょう。ただし、弱ったバラの場合、出開きの葉でも光合成の役に立つので残しておくこともあります。

シュート処理（春〜秋）

シュートとは、株元や枝の途中から勢いよく伸びる太めの枝のこと。バラの樹形を整える主幹となる枝です。

シュートを出すには

シュートとは、勢いよく急速に生長し、水分が多い枝です。株元から出るシュートを「ベーサルシュート（→P16）」、枝の途中から出るシュートを「サイドシュート（→P16）」と呼びます。

シュートは「新梢《しんしょう》」なので、根に力がついてこないと出にくいものです。新苗のときはできる限り日に当て、水分や養分を適期に与えます。さらに、蕾のみをソフトピンチし続け、枝を伸ばして葉を多くします。大苗の場合も一番花はできるだけ早く摘み、株元の葉を取って日が当たるように心がけてください。

つる性のバラは先へ先へと伸びる性質があります。枝が多くなりすぎると根の負担も増え、枝先まで栄養や水分を送るために余分な枝（シュート）を出さなくなります。

冬の剪定で枝数を減らすか、一番花の後、枝の整理をして3分の1ほど枝抜きしてみてください。シュートが出るのは環境に恵まれ、株の力が順調で余力があるということです。バラの元気さを見る目安にもなります。

ただ、品種によってはベーサルシュートが出にくかったり、株の生長が遅かったり、個体差があります。シュートが出ないからといってやきもきせず、じっくり見守ることも園芸の楽しさだと思ってください。

5月以降はシュートをピンチ

5月の一番花が咲いている最中でも、ベーサルシュートは伸びてくることがあります。つるバラは蕾がつかず伸び続けます。四季咲きの品種はシュートにも蕾がつき、知らないうちにシュートに花が咲いていたり、背丈より長く伸びてしまったりします。

この時期からよく株元を観察し、シュートの蕾が見える前にソフトピンチして、適切なピンチの位置決めをしましょう。たとえば、来年の春に見る花の位置、秋に見る花の位置を決めて、そこから逆算して決定します。大よその目安は、ミニチュアローズのような小輪は株元から5〜10cm、中輪は10〜30cm、大輪は20〜40cmです。

鉢植えの場合と地植えの場合の花の高さは異なります。鉢植えの場合は鉢の高さと樹高のバランスに注意し、低めに仕立てましょう。

シュートを放置する危険性

ベーサルシュートは水分が多いので、強風に当たると、根元から簡単にポッキリ折れて、来年の有望な枝を一瞬で失ってしまいます。

その反面、ベーサルシュートは勢いがあり、短い期間でアッという間に大きく育ち、株の栄養を優先的に使ってしまいます。

その結果、以前からある枝の元気がなくなり、枯れ込むこともあります。特に鉢植えの場合は、枝数が減ってしまうと、樹形が整わなくなってしまうので要注意です。

シュートを適切に処理すると、枝が早く堅く育つ

ソフトピンチした後、枝先の一番高い部分にある芽が動き出して枝となって伸び出す。そのさらに下の芽も伸びてきて、約1cm以上なら花を咲かせずに（蕾をソフトピンチ）、2本の枝を伸ばしてもよい。こうすることで枝が早く木質化して堅くしっかりし、樹形も整う。

つる性のバラの一季咲き種のシュート処理の場合

つる性のバラの場合、シュートに蕾がつかない品種が多いので、支柱に止めて強風などで折れないようにする。このとき、冬にどのあたりに誘引するかで、少し癖づけする感じで、無理せず（あまり強く引っぱるとすぐ折れてしまう）その方向に止めるとよい。できるだけ切らずに伸ばす。

シュートにまつわる悩み Q&A

Q シュートに花が咲いてしまったら、どう対処したらいいですか。

A 5〜7月で、太めのシュートなら一度切り戻してOK。なお、8月からのシュートを9月頃に切り戻しても、枝はあまり充実しません。シュートは8月上旬までにピンチして、来年の花を咲かせる枝に育て上げるのがベストです。

Q シュートが思うように伸びなかったら、どうすればよいのでしょうか。

A 水分不足になると、シュートはあまり伸びません。シュートを出す時期にはしっかり水やりをしましょう。

春 → 夏
春に出てきたシュート処理

1

勢いよくシュートが伸びてきた状態

地際から20cmの部分で切る。写真は、見やすくするため少し長めに伸ばしてある。

シュートの枝先をソフトピンチ

蕾がつかないうちにソフトピンチする（指で枝先を摘む）。

夏 → 秋
夏〜秋に出てきたシュート処理

2

夏の間は蕾を咲かせずカットしておく

写真は見やすいように、少し蕾を大きくしてある。もっと小さいうちにカットしてよい。

3

秋の剪定まで蕾を取り続ける

シュートの先も伸びて、また蕾がつくが、秋の剪定まで、蕾を取り続ける。

暑さ対策

猛暑になる夏は、人にもバラにもつらい時季です。この時季にバラを守ってあげることで、秋の花を美しく咲かせることができます。

マルチングする（腐葉土、完熟コンポ堆肥）

春から初夏に花を咲かせたバラは一段落で少し休ませたいのですが、夏の日ざしと気温上昇で過酷な状況になります。まず、株のまわりを除草し、ゴミをきれいに除きます。そして、腐葉土や完熟コンポを株元に2～3cm敷くと、地温上昇や乾燥、雑草防止ができます。土の乾き具合いが見えづらいので、水やりは注意して行ってください。

土の表面の草や枯れ葉を取り除き、腐葉土または完熟コンポを2～3cm敷く。

水やりの際、優しいシャワーでゆっくりかけるのがコツ。土の乾き具合は、枝先の葉の状態とマルチングをした下の土をさわって判断する。

水やりの目安： 枝先の葉が斜め45°上向きのときは、水分が行き渡っている。枝先の葉が下垂しはじめたら、水やりのタイミング。

水不足の症状

- 葉が全体に黄変する
- 先端の葉がチリチリになってくる
- 枝先の葉の先端が曲がって下垂したまま戻らない
- 蕾が落ちる

二重鉢にする

真夏の暑い日ざしから根を守る簡単な方法です。いまバラが植えてある鉢より、大きめの鉢に重ねて入れます。直射日光を遮断するため、根が熱くならず、弱りません。

外側の鉢の下にポットフィート（板やタイルでもよい）を置く。写真は、6号の鉢植えを10号の鉢に重ねて入れている。外側の鉢底が直接地面につかないようにするのがポイント。

外側の鉢は、素焼き鉢か陶器鉢が理想。外側の鉢が深すぎると株が沈み、株元の風通しが悪くなるので注意が必要。暖地では7月～9月中旬頃まで二重鉢にするとよい。

寒さ対策

バラは一度根づくと、比較的寒さには丈夫な植物です。しかし、幼苗期、寒さに弱い品種、植え替えたとき、移動したときは要注意です。

不織布をかける

秋になるとホームセンターの園芸コーナーなどに、寒さ対策グッズが並びます。早めに購入して準備しておきましょう。通気性があり、バラのトゲにからまりにくい、不織布がおすすめです。

1 植えつけたばかりの大苗は根鉢ができていないので、不織布を四重にし、しっかりと枝を保護する。

2 風で飛ばないように、株元をひもやビニタイで固定する。

3 枝先までしっかり不織布で覆う。

※霜が降りなくなるくらいまではずさずにおくことが大事です。

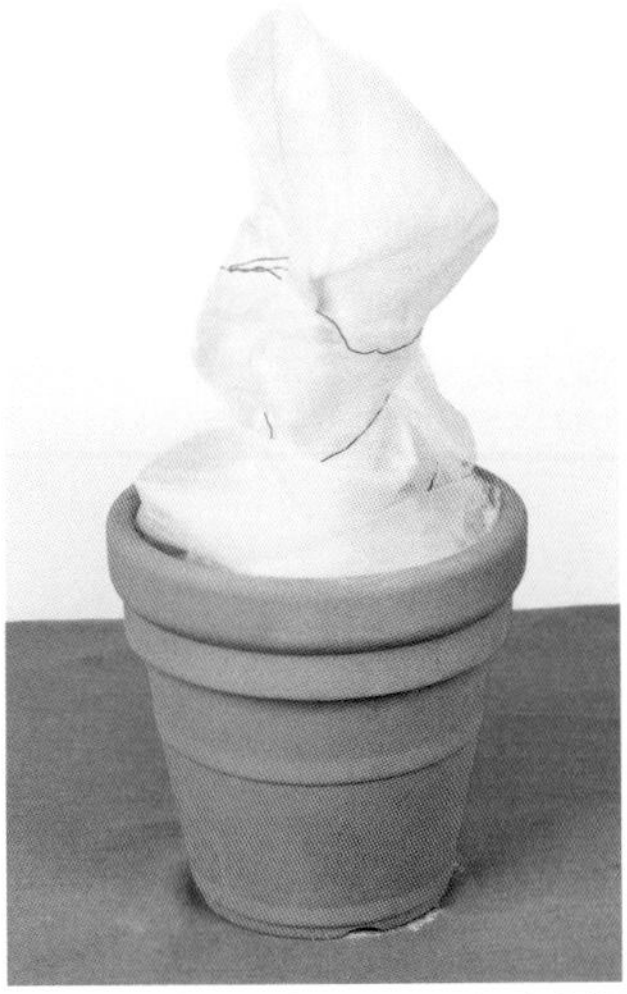

4 冷風が当たらぬよう、すき間なく巻いて完成。

※水の乾き具合を、ときどきチェックします。
※寒冷地の冬の鉢植えの置き場所は、南側の軒下がベストです。

台風対策

台風に見舞われると、強風で鉢が倒れてしまうことがあります。強風が吹きそうなときは、あらかじめ鉢を倒しておくか、複数の鉢がある場合は寄せ鉢にしてひもでしばっておくとよいでしょう。

オベリスクやトレリスなどの鉢植えは、そばに支柱を立てて、固定する方法もあります。

台風がすぎ去った後は、殺菌消毒して早めに元に戻しましょう。

植え替えのタイミングとコツ

根鉢を崩してもよいのは、休眠期だけです。

購入して届いた苗の植え替え

購入したバラ苗を別の鉢に植え替えることは、バラの生育にも関係してきます。適期にベストなサイズの鉢で植え替えましょう。

冬の大苗と春の大苗とで、根の張り方に大きな差があります。初心者の方は根鉢ができる春までは鉢を替えずに、春以降に鉢増しをしたほうが安全です。

冬に販売された苗は、バラにとってベストな土に植えられていないことがあります（乾かないためだけの用土）。この場合は、冬でも植え替えをおすすめします。判断がつかないときは、園芸店や専門店で聞くとよいでしょう。

植え替えるタイミング

6月

一番花が終わった、6月頃に植え替えます。

6～11月下旬

苗が届いたらすぐに、根鉢を崩さないよう注意しながら、8～10号鉢に鉢増しをします。

12～2月末

根鉢を崩してもよい時期なので、用土替えや鉢増しをします。ただし、畑から掘り起こしたばかりの苗を鉢（5～6号）に植えられたものは、まだ根鉢が形成されていません。植え替えようとすると、左写真のように用土が崩れてしまいます。一番花が終わった6月頃に植え替えましょう。

特に生育の弱い品種は、根幹の状態ができてから少しずつ大きい鉢に移します。

植え替えメニュー

購入して届いた苗		
新苗の植えつけ（春）	根鉢を崩さない	（➡P94）
大苗の植えつけ（春）	根鉢を崩さない	（➡P96）

育てている苗		
鉢増しをする（春～秋）	根鉢を崩さない	（➡P98）
同じ鉢に植え替える（冬）	根鉢を崩せる	（➡P100）
鉢増しをする（冬）	根鉢を崩せる	（➡P102）
地植えにする（冬）	根鉢を崩せる	（➡P104）

※根鉢を崩せるのは休眠期（12月末～2月末）です。

根鉢が一瞬で崩れてしまって、慌てる方が多い。

冬に届いたばかりの大苗。良質な用土に植えられているかどうか確認する。

用土の選び方

水はけ・水もちがよく、やや重めの用土がおすすめ。割高になっても良質な用土を選びましょう。

培養土（そのまま使える）

バイオゴールドの土 ストレスゼロ

鉢から株を抜くだけで、余分な用土が落ちる、画期的な用土。植え替え時に、根鉢を崩さなくてもよい。

培養土（そのまま使える）

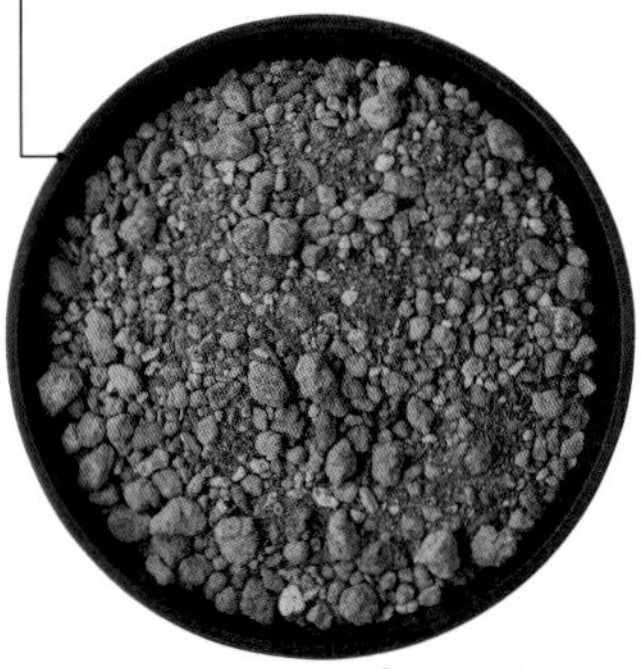

コマツガーデンの土

コマツガーデンの栽培用として使用している土。排水性・保水性をよくするために、赤玉土の小粒と中粒を配合している。

赤玉土（腐葉土と混ぜて使う）

硬質赤玉土

火山灰土の関東ローム層にある粒状の土を乾燥させたもの。微塵性が少なく、通気性がよい。保水性・保肥に優れる。リン酸を吸着しやすい。「赤玉土7：腐葉土3」か、「赤玉土6：腐葉土4」の割合で混ぜ、元肥を入れて使用する。

優良メーカーの用土を選ぶ

用土はバラの根の「家」ですから、バラの生長に大きくかかわってきます。たとえ少し割高になったとしても、優良メーカーの用土を選ぶことをおすすめします。

もっともよくないのは、鉢に水はけの悪い用土をたくさん入れて育てることです。根は太くならず、酸素が欠乏して株全体が弱ります。

もちろん、生育に影響するのは、用土だけではありません。「水はけのよい鉢、良質な用土、適量な肥料」の三大要素が揃ってこそ、美しい花を咲かせてくれるのです。

用土の再生法

古い土の再利用は、時間と手間とコストがかかります。いちばん楽なのは、古い土をふるいにかけてゴミを取り除き、粒状の土のみを再利用して、半分は新しい培養土を混ぜる方法です。この方法なら、すぐに使うことができます。

新苗の植えつけ（春）

新苗は赤ちゃん苗なので、とても繊細です。接いだ部分が折れないように、細心の注意を払いましょう。

用意するもの
マイ ディアの新苗（4号鉢）
6号鉢
（直径18㎝）
※鉢底に大きい穴が開いている場合（素焼き鉢など）は、鉢底ネットを入れます。
有機固形肥料
（ローズグロウ）
土入れ
棒
用土（バラ専用）
革手袋

1

土入れで用土を鉢底に少しだけ入れる。

2

有機固形肥料を、容量30gのスプーンで1杯入れる。

※肥料の量はメーカーによって異なります。

3

用土を加え、棒で軽く混ぜる。

4

さらに用土を加え、根に肥料がふれないようにする。

鉢底をしっかりつかみ、もう片方の親指と人差し指で株元をつかむ。少し鉢の側面をもむと、すき間ができて抜きやすい。

根鉢を抜く。根鉢ができていないようなら、鉢の上下を逆にして手で受け取るようにして取り出す。

※株元をつかまないと、接いだ部分から折れてしまうことがあります。

鉢に新苗を入れ、位置決めをする。ウォータースペース（約5cm）が確保できているかを見て、用土の高さを調整する。

用土をまわりに入れる。

鉢の周囲を棒で突き、用土を下へなじませるようにする。強く突かない。

土の高さが均一になるように用土を加え、もう一度棒でなじませる。

鉢を置いて側面を両手で軽く叩き、すき間をなくす。用土の表面を平らにする。

指先で株元を押さえて安定させる。ウォータースペースを空け、細かいシャワーで鉢底から水が出るまで与える（2回繰り返す）。

4号鉢に植えられた新苗を、6号鉢に植えつけた。

※添え木はそのままにして、植えつけます。抜いてしまうと、接がれた部分が風などで折れてしまうことも。長く伸びたら、さらに支柱を足します。

大苗の植えつけ

購入したときの鉢のままでは、根詰まりしてしまいます。ひとまわり大きな鉢に植えつけ、根を伸び伸びと育てましょう。

用意するもの
マイ ディアの大苗（6号鉢）
8号鉢
（直径24㎝）
※鉢底に大きい穴が開いている場合（素焼き鉢など）は、鉢底ネットを入れます。
有機固形肥料
（ローズグロウ）
土入れ
棒
革手袋
用土（バラ専用）

1
土入れで用土を鉢底に少しだけ入れる。

2
有機固形肥料を、容量30gのスプーンで1杯入れる。

※肥料の量はメーカーによって異なります。

3
用土を加え、棒で軽く混ぜる。

4
さらに用土を加え、根に肥料がふれないようにする。

5

株元を片手で持ち、鉢の縁を拳で叩いて根鉢を抜く。横に倒して鉢の側面を押し、引き抜いてもよい。

6

根鉢を抜いた状態。根を崩さずにそっと扱う。

7

鉢に大苗を入れ、位置決めをする。ウォータースペースを約5cmくらい取る。

8

用土を根鉢のまわりに少しずつ入れる。

9

鉢の周囲を棒で突き、用土を下へなじませるようにする。強く突かない。

10

土の高さが均一になるように用土を加えながら、棒でなじませる。

11

鉢の周囲を、棒で粒状の土が均一に広がるようにうながす。

12

指先で株元を押さえて安定させる。ウォータースペースを空け、細かいシャワーで鉢底から水が出るまで与える（2回繰り返す）。

6号鉢に植えられた大苗を、8号鉢に植えつけた。

※大苗の場合、株元にビニールテープが巻かれていたら、植えつけた後にはずします。

鉢増しをする（春～秋）

朝に水を与えても、午後にはしおれる場合、鉢をひとまわり大きくする必要があります。

ローズ ポンパドール

1 樹高が高くなり、葉が茂ってくると、鉢の中の根が張る。

2 根かき棒を刺してみてスッと入りづらくなり、鉢底の穴から白根が見え出すと、植え替えのタイミング。朝に水を与えても午後にはしおれるようなら、鉢増しをする。

6 根鉢を入れてみて、ウォータースペース（約5㎝）が確保できるかどうかを判断する。

※春から秋の植え替えは根鉢を崩さないのがポイントです。

7 有機固形肥料（ローズグロウ）を、容量30gのスプーンで2杯半（75g）入れ、バラ専用の用土を加えて軽く混ぜる。

※肥料の量は、メーカーによって異なります。

8 さらにバラ専用の用土を加え、根が肥料にふれないようにする。

3 株元から鉢底の高さより、少し高めの鉢を選び、用土が底とまわりにしっかり入るものを用意する（ここでは6号鉢から8号鉢へ植え替え）。

4 害虫予防のために、鉢底ネットを底穴にのせる。

5 バラ専用の用土を鉢の高さの1/4くらいまで入れる。底穴が大きければ水はけがよいので、鉢底石（軽石など）は必要ない。

9 鉢に根鉢を入れて土の高さを調整する。少しずつ用土を加え、最後に根かき棒ですき間がなく均一に土が入るように突く。

10 細かいシャワーで鉢底から水が出るまで与える（2回繰り返す）。

MEMO

3～5月に届いた苗は、一番花が終わった6月頃に、植え替えをする。6～11月に届いた苗は、用土の具合いや苗の状態を見て必要ならば鉢増しをする。

MEMO

エアレーション

冬季に植え替えをして用土を新しくすることができなかった鉢は、春から根詰まりしがちです。こうなると排水が悪くなり、根腐れも起こります。応急処置として、根かき棒か細めの棒を使って、底の方まで刺して空間をつくるとよいでしょう。

同じ鉢に植え替える（冬）

冬剪定で枝数を減らし、樹高を低くして根を切れば、毎年同じ大きさの鉢でも育てられます。

1

8号鉢から8号鉢へ植え替える。

エンジェル スマイル

2

株元を片手で持ち、鉢の縁を拳で軽く叩いて根鉢を抜く。根切りナイフで、根鉢のまわりを切ってもよい。

3

根切りナイフで、根鉢の肩を斜めに削ぎ、雑草の根や古くなった用土を落とす。

7

ハサミで長すぎる根を1/3くらい切り、鉢の高さに揃える。

8

植える直前の状態。

9

鉢に鉢底ネットを入れる。

13

さらに用土に加え、根が肥料にふれないようにする。

14

鉢に根鉢を入れ、位置決めをする。ウォータースペース（約5㎝）を確保する。

15

鉢に用土を均一に入れる。

4
根切りナイフで、根鉢の底1/3〜1/4を切り取る。

5
株元を片手で持って揺らしながら、棒を刺して用土を崩す。

6
根鉢を手でほぐし、古くなった用土を落とす。バケツに水を入れ、揺すって土を取り除いてもよい。

10
土入れで鉢底に用土を少しだけ入れる。

11
用土を入れ終えた状態。

12
有機固形肥料（ローズグロウ）を、容量30gのスプーンで2杯（60g）入れ、軽く混ぜる。
※肥料の量はメーカーによって異なります。

16
鉢の周囲を棒で突きながら、用土をすき間なく入れる。

17
鉢の中に高さが均一になるように用土を加える。

18
指先で株元を安定させ、ウォータースペースを空け、細かいシャワーで鉢底から水が出るまで与える（2回繰り返す）。

鉢増しをする（冬）

新苗から育てた苗も、冬になると立派に育ち、鉢を大きくすれば、生育も旺盛になります。

1

6号角鉢から8号丸鉢へ植え替える。

セプタード アイル

2

株元を片手で持ち、鉢の縁を拳で軽く叩いて根鉢を抜く。根切りナイフで、根鉢のまわりを切ってもよい。

3

根切りナイフで、根鉢の肩を斜めに削ぎ、雑草の根や古くなった用土を落とす。

7

植える直前の状態。

8

鉢に鉢底ネットを入れる。

9

土入れで鉢底に用土を少しだけ入れる。

13

鉢に根鉢を入れ、位置決めをする。ウォータースペース（約5㎝）を確保する。

14

鉢に用土を均一に入れる。

15

鉢の周囲を棒で軽く突きながら、用土をすき間なく入れる。

4
根切りナイフで、根鉢の底1/3～1/4を切り取る。

5
株元を片手で持って、根鉢の側面から下へ向けて、棒を刺して用土を崩す。

6
根鉢の上部に棒を刺し、古くなった用土を落とす。

10
有機固形肥料（ローズグロウ）を、容量30gのスプーンで2杯半（75g）入れる。
※肥料の量は、メーカーによって異なります。

11
用土を加え、棒で軽く混ぜる。

12
さらに用土を加え、根が肥料にふれないようにする。

16
鉢の中に均一になるように用土を加える。

17
鉢の周囲を棒で突きながら、用土をすき間なく入れ、ウォータースペース（約6㎝）を空ける。

18
細かいシャワーで鉢底から水が出るまで与える（2回繰り返す）。

地植えにする（冬）

大きく生長した鉢植えのバラは、地植えにすれば
さらに大きくなり、枝も太くなって立派に育ちます。

1 大苗（8号鉢）の株を用意する。

ザ ミル オン ザ フロス

2 スコップで直径50×深さ50㎝のずん胴の穴を掘る。

3 穴を深く掘ることが、今後の生育に大きく影響。もし困難なら、場所を変えるか、広く浅く耕す。

7 スコップでよく混ぜる。

8 新しい用土を入れる。

9 株元を片手で持ち、鉢の縁を拳で軽く叩いて根鉢を抜く。根切りナイフで、根鉢まわりを切ってもよい。

13 用土を加え、手で少し押さえながら表面をならす。

14 穴のまわりに、土手をつくる。

15 シャワーで水をたっぷり与える。

堆肥（5ℓ）と肥料（700g）を、掘った穴の横に用意する。

4を手でよく混ぜ合わせる。

5を土入れで穴に入れる。

根鉢の底を指で軽くほぐす。

8の穴に根鉢を入れる。

地面と根鉢のまわりに入れた土の高さが平らになるようにする。

土入れで堆肥（適量）を加えてマルチングし、表面をならす。

風が強い場所に植えた場合は、支柱を立てて、ひもで結ぶ。

地植えが完成。冬でも水切れに気をつけて観察する。

挿し木苗をつくる（春）

挿し木は誰でも手軽にできる、バラの増やし方です。
5月から6月に花後の枝を使って、挿し木苗をつくります。

「夢乙女」を使う。多花性で、コンパクトなつる仕立てにもできる。

1 挿し穂を3本選んで切る。花が終わりかけたくらいの枝がよい。

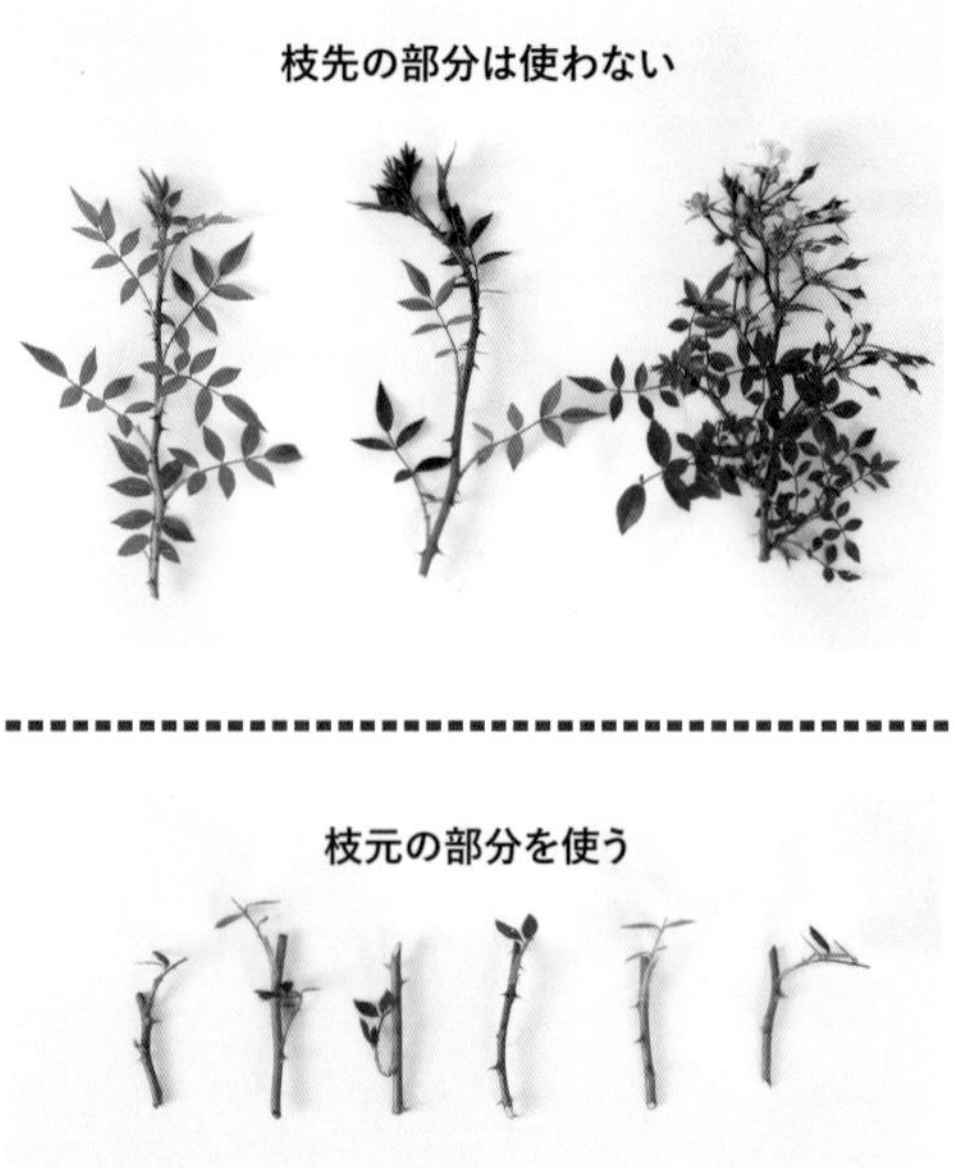

4 葉をつけたまま使う。大きい葉があれば、蒸散を防ぐために半分くらいに切る。枝元を30分〜1時間、水（あるいは、メネデール液：活力剤でもよい）に浸す。

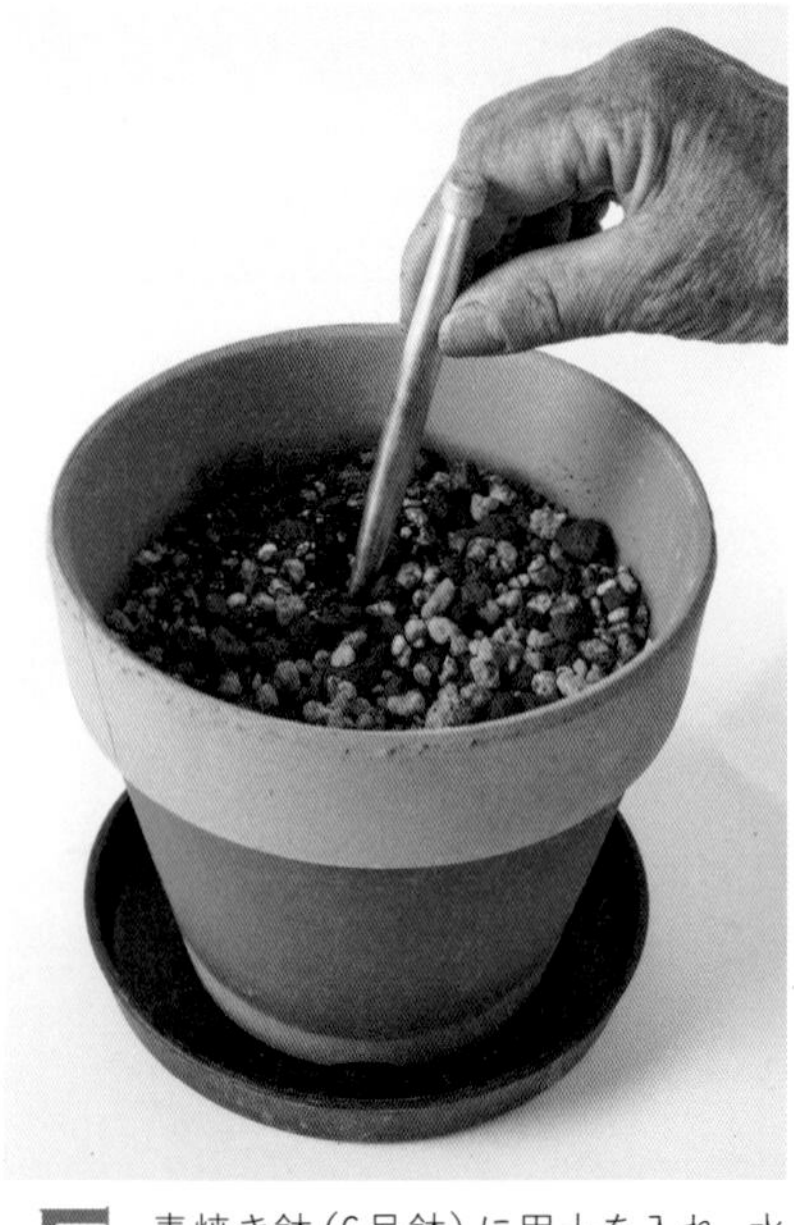

5 素焼き鉢（6号鉢）に用土を入れ、水やりをする。根かき棒（割箸でもよい）で穴を開ける。

※赤玉小粒と鹿沼土（5：5）7割に、ゼオライトを1割、ピートモス2割を混ぜておくと発根しやすいです。

2 まず、**1**の中央の枝を切る。枝元を片手で持ち、節間をハサミで切り分ける。枝の長さは3㎝が目安。

3 他の2本の枝（右端、左端）も、同様に切り分ける。少し堅めの枝から発根しやすいので、枝元の部分を使う。

6 **5**で開けた穴に、間隔を空けて挿し穂を深めに挿す。最後に細かいシャワーでまんべんなく、鉢底から水が出るまでかける。

MEMO

置き場

朝日が当たり、夕日が避けられる場所に置きましょう。表土が乾いたら、水を与えます。水のやりすぎは根腐れの原因になるので、注意が必要です。1か月くらいで発根してきます。

※「挿し木苗」は、ノイバラに接ぎ木をしてつくる「接ぎ木苗」と比べると根が自根なので、品種によっては病気に弱く、生育は遅くなります。

病害虫の種類

バラ栽培をするうえで、病気や害虫は悩みのタネです。高温多湿の日本では、耐病性の高い品種でも年に数回は消毒が必要です。

病気

うどん粉病

（発症時期：5～7月、9～10月）

葉や花首に白い粉のようなものが付着する病気です。カビの胞子によるもので、周囲に伝染します。発生箇所がカビの胞子で覆われると光合成ができなくなり、株が弱って枯死することもあります。原因としては、朝と夜の寒暖差や湿度差、多肥による弊害が考えられます。葉や花首を切り取ったり、指先でこすったりしながら水で流すと効果があります。薬剤で治療することは難しいですが、予防することはできます。

黒星病《くろほしびょう》（黒点病《こくてんびょう》）

（発症時期：5～7月、9～11月）

葉に糸状菌が侵入して黒や濃い茶色の斑点ができ、最後には黄変して落葉します。葉を失うと光合成ができなくなり、株が弱ります。被害が少ないときは、葉を取り除き、落ちた葉をまめに処分しましょう。黒星病は温度が20°C以上ある雨の時期に発症するといわれ、梅雨や秋の長雨などで葉が濡れると起こりやすくなります。一度かかってしまうと治療は難しいですが、薬剤によって進行を止めることはできます。

株元にこぶのような塊ができ、放置すると次第に大きくなる。バラは栄養が取れずに衰弱する。

塊を指先でつかんで引っ張ると、ポロリと取れる。作業後は手をよく洗い、他のバラへの感染を防ぐ。あるいは使い捨て手袋を使う。

根頭《こんとう》がん腫病

根にこぶ状の塊ができる病気です。株元に大きなこぶができると枝先への養分が届かず、次第に衰弱してしまいます。

原因は土中の病原菌（アグロバクテリウム）という細菌が、根や接ぎ口の傷から侵入してしまうことです。空気感染する可能性は低いです。

完治はしませんが、こぶを取り除くことと、こぶのない根を活性化させるよう土をやわらかくすると、枯れずに育つこともあります。

※根頭がん腫病にかかったバラを切ったハサミで、他のバラを切ると感染することもあるので、注意しましょう。使ったハサミは、第三リン酸ナトリウム液で消毒するか、煮沸してください。

害虫

コガネムシ

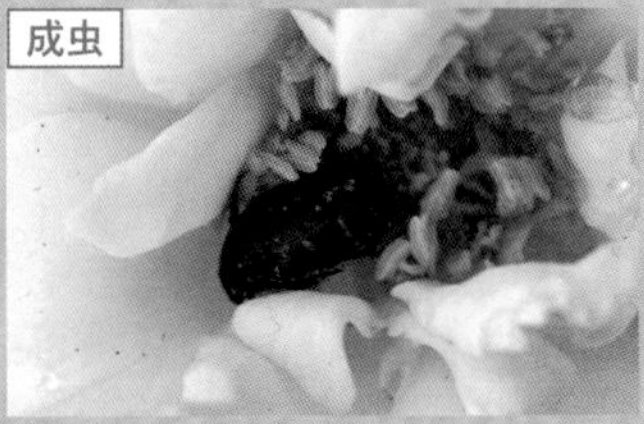

花の中に潜っていることが多い。緑色や茶色の光沢のある甲虫で、花や葉を食害する。

対策 捕殺するか、殺虫剤を使う。

株に元気がないとき、土中に発生した幼虫が、根を食害している疑いがある。

対策 殺虫粒剤を表土にまいて殺虫する。冬の植え替え時に発見したら捕殺する。

チュウレンジハバチ

お腹がオレンジ色で、枝に卵を生みつける。

対策 産卵中は動かず捕殺しやすい。枝に生みつけられたら、針などで卵を潰すか、殺虫剤を使う。

葉の縁のやわらかい部分に集まって旺盛に食べ続ける。

対策 葉ごと取り除いて捕殺するか、殺虫剤を使ってもよい。

クロケシツブチョッキリ

別名はバラゾウムシ。新芽が出はじめる頃に発生する。養分を吸って、新芽がしおれてしまい、最悪の場合は蕾がつかないこともある。

対策 新芽を軽く揺すり、ポリ袋などの口を開いてキャッチして捕殺するか、殺虫剤を使う。

アザミウマ

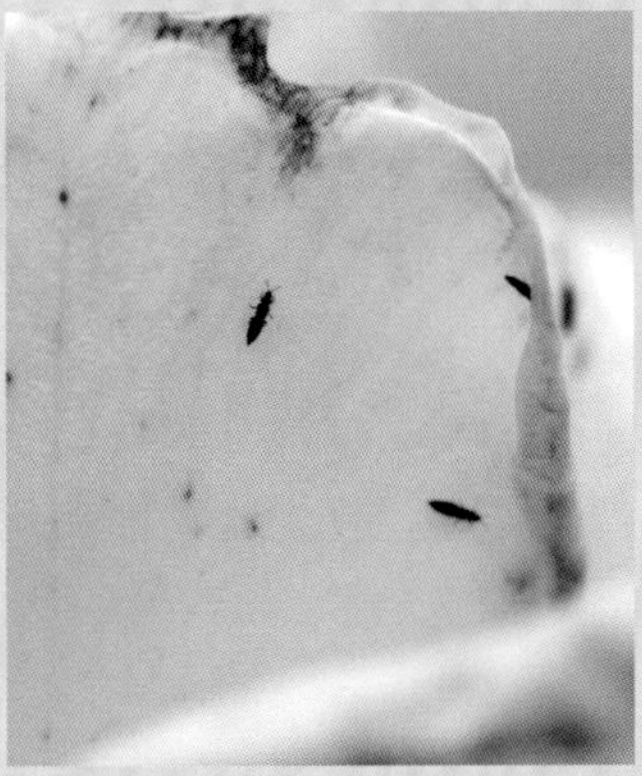

別名はスリップス。暑い時季に花弁の汁を吸われ、茶色っぽいシミになってしまう。白っぽい色の花弁が、狙われやすい傾向がある。

対策 花を軽く揺すり、ポリ袋などの口を開いてキャッチして捕殺するか、殺虫剤を使う。

アブラムシ

やわらかい葉や蕾に群生する。小さいが、葉の養分を吸って、生育を妨げる。

対策 指先でしごき落とすか、殺虫剤を使う。

ハダニ

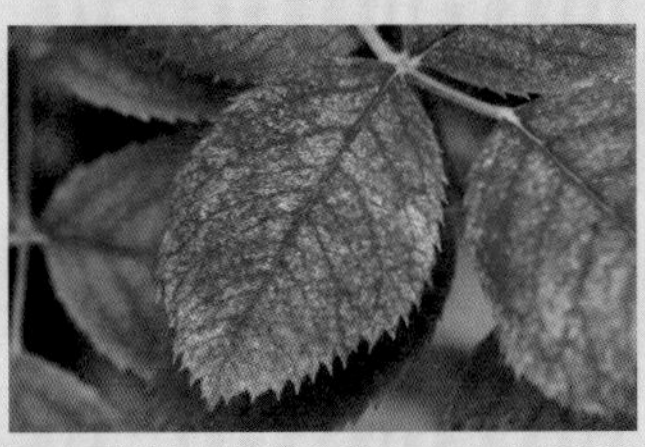

暑くて乾燥した時季に発生。ほとんど肉眼では見えない。葉の色素を吸い取って、光合成を妨げる。

対策 葉裏に集中的にシリンジ（葉水）をするか、殺虫剤を使う。

カミキリムシ

株元に穴を開け、卵を生みつける。鉢の表土に木くずのようなものが落ちていたら幼虫の食害の可能性が高い。

対策 幼虫は針で捕殺するか、穴に殺虫剤を噴射する。

カイガラムシ

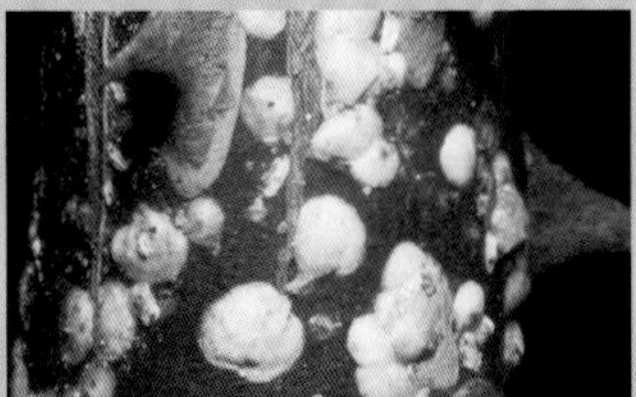

白くて小さい貝殻状のものが、枝や株元を覆う。樹液を吸われ、枯死することもある。

対策 使い古しの歯ブラシなどで、こそげ落とす。仕上げに殺虫剤をかければ万全。

薬剤を使った対策

病害虫対策 黒星病やうどん粉病などを予防・治療する薬剤と、病害虫に効果のあるスプレー剤

サルバトーレME
うどん粉病や黒星病の治療薬。年7回まで使用でき、予防効果もあるので1〜1か月半に1回の散布がおすすめ。

STサプロール乳剤
予防と治療効果を兼ね備えた浸透性のある薬剤。黒星病やうどん粉病の進行を止めたいときに使用するとよい。

ローテーション散布
同じ種類（作用性）の薬剤ばかりを使用していると、その薬剤に耐性をもってしまい、病原菌が増加し、薬剤が効かなくなることがある。ローテーション散布することにより、耐性菌の出現を抑え、効果的に病気を防ぐことができます。

アタックワン ALスプレー

＊ローテーションを組んで与える薬剤

ベニカX ファインスプレー

GFモストップジン Rスプレー

害虫対策 特定の害虫に特化した薬剤

オルトランDX粒剤
浸透移行性の成分が2種類配合されていて、効果は約1か月持続（アブラムシ）。土の中にいるコガネムシの幼虫にも効く。

カイガラムシ エアゾール
従来のマシン油タイプ（冬期のみ使用可）とは異なり、一年中使用できる。浸透移行性もあり、効果は約1か月持続。ジェット噴射で高いところにも散布できる。夏期だけでなく、冬期の越冬成虫にも。

園芸用キンチョールE
専用ノズルで、カミキリムシの幼虫がいる穴の中へも直接散布できる。カミキリムシ以外に、アブラムシやハダニ、チュウレンジハバチにも使用できる。

病害虫対策 病害虫に効く薬剤

**マイローズ
ベニカXガード粒剤**
コガネムシ類の幼虫に効果的。土に混ぜて使えるので、植え替えのときに使用すると予防にもなる。微生物（B.t菌）の作用により、植物の抵抗力を引き出して丈夫にする（抵抗性誘導）。発病前に使用することと、定期的に土にまくことがおすすめ。

サンヨール乳剤（ROSE）
うどん粉病、黒星病、灰色カビ病などの予防と、ハダニ類、チュウレンジハバチ、アブラムシ類に適用がある。高温時の散布は控える。

害虫対策 天然由来成分の薬剤・資材。こまめな散布がおすすめ（5日に1回）

**ベニカ
ナチュラルスプレー**
天然由来成分がうれしい、B.t.菌（有用菌）が入ったスプレー剤。アオムシ、ヨトウムシの食害を防ぐ。食物油や水あめも入っており、アブラムシ、ハダニ、コナジラミに効き、うどん粉病・黒星病の予防にもなる。

ニーム オイル
ニーム（インドセンダン）から抽出した植物由来の保護液。バラの葉や根からニームの成分を吸収させることで、ニームの木がもつ優れた抵抗力をもたせる。

**パイベニカ
Vスプレー**
天然除虫菊エキスを使用。アブラムシ、チュウレンジハバチ、クロケシツブチョッキリ、コガネムシ類成虫を退治。有機農産物栽培（オーガニック栽培）で使用可能。

PART 5

鉢バラの剪定

鉢バラの剪定ノウハウを具体的に解説します。
冬剪定はもちろん、夏剪定も同じように紹介。
真似するだけで“剪定名人”になれそうです。

剪定の基本

剪定の目的は、樹形を整え、数多くの花を美しく咲かせることです。切ることで株を若返らせ、病害虫防除・予防になります。

幼苗期は強剪定しない

幼苗期《ようびょう》（新苗、大苗1～3年）は、強剪定はあまり必要ありません。この時期は葉数を増やし、新しい枝を出し、大きく生長するときだからです。ただ、細すぎたり混みすぎるのはよくないので、整枝をするイメージで剪定を行ってください。

剪定をする意味とは

成木《せいぼく》になっても剪定しないと、樹高が高くなりすぎて、目線の高さから花が見えなくなります。生育期（3～11月）に大胆に枝を減らすと、バラは大きなダメージを受けます。休眠期（12月末～2月末）に思いきって剪定しましょう。

冬剪定では樹高を低くし、内枝を切って風通しをよくすることで、病害虫の防除や予防になります。枝を減らすと花数は減りますが、質のよい花が平均的に咲き、二番花も楽しめます。

剪定する枝を見極める

枯れている枝

放置するとカイガラムシの温床になったり、他の枝の生長の邪魔になる。

細すぎる枝

花を咲かせる力がないので、つけ根から切り落とす。

交差枝

枝が生長して太くなると、お互いの枝を圧迫してしまう。

内枝

株の通気性が悪くなり、病害虫の被害を受けやすい。

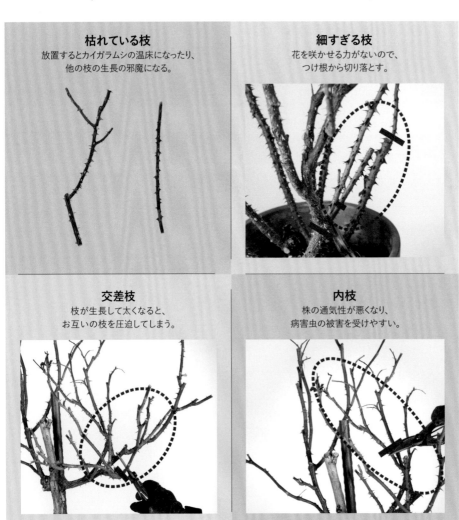

枝の更新

花が咲かない古い枝を切り、新しい枝を残し、
株をリフレッシュさせる。切り残しがないようにきれいに切る。

混み合った枝

花を咲かせるためには、枝が混み合わないように、
枝数を減らす。

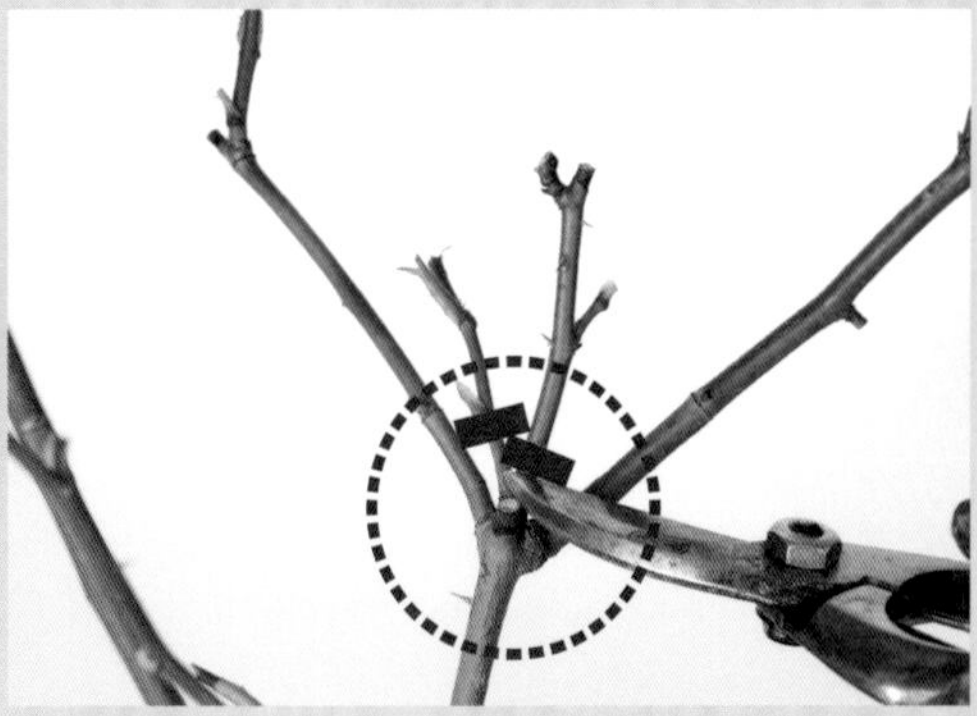

バラの芽の扱い

外芽・内芽、どちらで切るか

今後どの方向へ枝を伸ばしたいかで「外芽」か「内芽」を選択する。
後に伸びてきて葉が混みすぎたら、切り戻すことも可能。

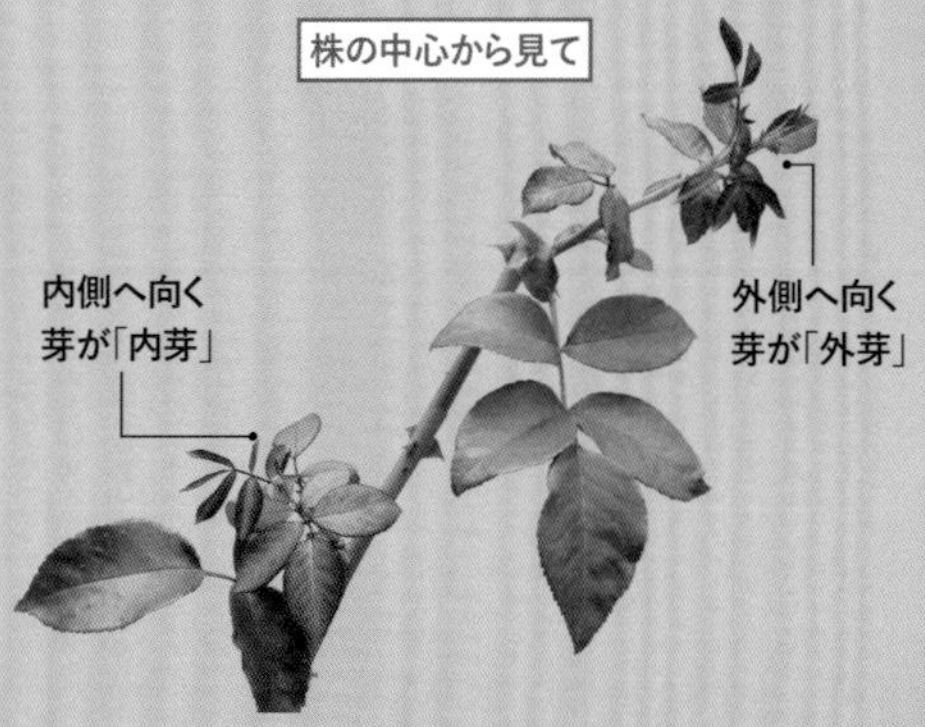
株の中心から見て
内側へ向く
芽が「内芽」
外側へ向く
芽が「外芽」

芽の切り方

❶芽の5～10㎜上で切る。
❷芽の上のギリギリで切ると、芽が傷む。
❸芽を長く残しすぎると、切り口から枯れ込むことがある。

横張りする品種は、内芽で切る

樹形がまとまらず、飛び出しすぎて困るようなら、
内芽で切るとよい。

直立する品種は、外芽で切る

内側へ向く枝があると、葉が混み合ってしまうので、
外芽で切るとよい。

あなたのバラはどのタイプ？

あなたのバラのタイプをしっかり確認してから剪定を手がけるのが、きれいな花をたくさん咲かせるコツです。

TYPE1 ハイブリッドティー(HT) **大輪四季咲き性**

大輪の花が枝先に一輪ずつ咲く

完全な四季咲き性があり、大輪(花径9～14㎝)で一輪咲きの系統。フロリバンダよりも樹高が高く、見応えがある。鉢植えならば10号鉢以上で育てると、庭植えのように咲く。

✿ 夏剪定（→P118）　✿ 冬剪定（→P136）

剪定モデル クランベリー ソース(→P46)

TYPE2 フロリバンダ(F) **中輪房咲き木立性**

中輪の花が枝先に房になって咲く

完全な四季咲き性があり、中輪(花径6～8㎝)で房咲き(スプレー咲き)。ガーデンローズでは多花性のものが多く、鉢植えでもまとまりやすい。

✿ 夏剪定（→P120）　✿ 冬剪定（→P138）

剪定モデル マチネ(→P49)

TYPE3 フロリバンダ(F) **3年以上生長したバラ**

年数がたつと、中輪の花が房になってたくさん咲く

初心者は剪定が難しく、樹高が高くなってしまいがちだが、切り戻しは可能。3年以上育てても、大きくならないこともある。バラは丈夫なので、手をかければ見違えるように生長する。

✿ 夏剪定（→P122）　✿ 冬剪定（→P140）

剪定モデル マイ ローズ(→P42)

TYPE4 **小型シュラブ(S)**

半つる性を木立樹形に仕立てたもの

中輪から大輪が多く、半つる性で、四季咲き・返り咲き性。木立性と異なるのは横張り性が強く、広がりやすいタイプが多いこと。つる性の血を引いているので、樹勢は強い。枝がまとまるように剪定すれば、フロリバンダのようにも扱える。

✿ 夏剪定（→P124）　✿ 冬剪定（→P142）

剪定モデル ザ ミル オン ザ フロス(→P66)

TYPE5 中型〜大型シュラブ(S)

半つる性を
トレリスに仕立てたもの

中輪から大輪が多く、半つる性で、四季咲き・返り咲き性。伸長力があり、暖地ではぐんぐん伸び、つるバラのようになるが、鉢植えでは剪定することでコンパクトに収まる。トレリスやアイアン支柱を使って少し誘引し、花をたくさん咲かせるとよい。花後は少し強めに剪定し、サイズを保つ。

✿ 夏剪定（→P126） ✿ 冬剪定（→P144）
剪定モデル ジュール ヴェルヌ（→P36）

TYPE6 スタンダード仕立て(ST)

ノイバラの高い幹に
開花枝を球状に仕立てたもの

台木を地上部1〜1.5mくらいに伸ばし、高い位置で接ぎ木して、空間で花を楽しむ仕立て。接ぎ木する品種は、大輪木立性から小輪木立性、半つる性と、暴れすぎない・伸びすぎない樹形のものが選ばれる。海外では玄関先のシンボルツリーとして、鉢植えで一対で置かれているものをよく目にする。シンプルだが、鉢の色や形も揃えるとよい。四季咲き性なら、5〜11月まで花を楽しめる。

※接ぎ口から下垂するタイプは、ウィーピングスタンダード仕立てという。しだれ桜のようで、見事な樹形になる。

✿ 夏剪定（→P128） ✿ 冬剪定（→P146）
剪定モデル ヴィンテージ フラール（→P50）

TYPE7 ミニチュア(Min)

小輪で房になって咲く

小輪（花径3cm以下）で葉も小さく、樹高も低い。愛らしく、誰にでも好まれる。鉢が小さくても（3〜6号）育つので、ベランダ栽培にもおすすめ。香りのあるタイプは、わずかしかない。

✿ 夏剪定（→P130） ✿ 冬剪定（→P148）
剪定モデル リトル アーチスト（→P58）

TYPE8 ポリアンサ(Pol)

極小輪から小中輪に咲く

小輪で房咲き多花性（花径3cm以下）が多い。樹高は80cm以下のタイプがほとんどで、場所をとらず、鉢植え栽培に向いている。香りがあるタイプは、わずかしかない。

✿ 夏剪定（→P132） ✿ 冬剪定（→P150）
剪定モデル ラディッシュ（→P61）

夏剪定の意味と適期

暖地では8月下旬～9月上旬に剪定することで、10月中旬からいっせいに咲き揃います。

1 夏剪定をする意味

暖地では夏剪定をすることで、秋の開花をある程度揃えることができます。同時期に揃って咲かせることで、庭全体が満開でにぎやかになり、春と同様とまではいきませんが、美しい景色をつくることができます。

2 丈夫な株に育てる

夏剪定ができる株になるように、春から育てておくことがいちばん大切です。夏バテしたり、病気（黒星病）で葉がなくなったりした株は、夏剪定してもよい花が咲きづらいです。

まずは、春から初秋まで「肥料やり、水やり、定期消毒、混み合った枝を切る、花がらを切る」ことが大切です。日々の地道な手入れを続けることによって、夏剪定ができる丈夫な株に育てることができます。

3 夏剪定の適期

夏剪定は、暖地では8月下旬から9月上旬が適期です。この短期間に、いっせいに切り戻せば、秋に春の開花と同じように咲いてくれます。

開花日を逆算できるように「夏剪定の日、開花日、気温」などをチェックすると楽しい観察ができ、メモをしておけば来年の夏剪定の時期の目安にもなります。

4 冬剪定との違い

夏は生育期なので、葉があることが大切です。太陽を浴びて光合成をしているため、冬の剪定のように短く切るような強剪定はしません。樹高の3分の1を切り戻す程度にします。

そもそも、夏剪定ができる株は元気があり、順調に育っている（シュートも出ている）株です。弱っている株は強く剪定しないでください。

夏剪定する？ しない？

夏剪定した場合としなかった場合の差は、下の写真を見れば一目瞭然です。剪定をせずに咲かせると「あばれて咲いたり、花弁が片寄ったり」と、不揃いになります。また、整枝しないと、病害虫がつきやすくなります。

適期にすべての枝にハサミを入れて切り戻せば、春と秋の2回、見事なバラの花をたっぷりと楽しめます。

夏剪定をしたバラ
夏剪定をしなかったバラ
クランベリー ソース
クランベリー ソース
マチネ
マチネ

夏剪定のコツ

夏の終わりは株に勢いがあるので、この時期だからこその剪定のコツを紹介します。

1 枝先はすべて切る

いざ夏剪定をしようとすると、蕾がついていたり、花が咲いていたりする枝もあるはず。それでも、枝先はすべて切ることが揃って咲かせるコツ。剪定は間を空けずに、1～3日ですべて切り戻すとよい。

2 全体の高さを揃える

秋に花を見たい高さを決めて、切り戻す。まず、太くて先が分枝している元気な枝を樹高の1/3くらい切り、他の枝はそれに準じて切り戻すとよい。

3 枝の整理

株元が混み合っていたら、細めの枝を切り、風通しをよくする。

4 内芽・外芽はあまり気にしない

バラには頂《ちょう》芽《が》優勢《ゆうせい》という性質があり、高い位置の枝先に優先的に栄養が運ばれる。しかし、株全体に勢いのある場合は、切り口にいちばん近い頂芽が伸びるばかりではなく、二番芽・三番芽も伸びる。あまり内芽・外芽にこだわらず、大らかに育てるのがコツ。

✿夏剪定 TYPE1 大輪四季咲き性

ハイブリッドティー(HT)

豪華で凛とした花をいっせいに咲かせる

大輪品種の魅力を最大限に引き出すには、ある程度切り詰め、不要な枝を枝抜きしたほうがよいです。ハイブリッドティーは、花が10㎝以上のものが多いため、枝と枝の間隔を10㎝以上空けるのがポイント。枝同士が近いときは、元から切って間引きましょう。

剪定モデル
クランベリー ソース（→P46）

1 剪定前の姿

枝の先端に蕾がたくさんつき、花も咲いている状態。

枝と枝の高さが平行で近い枝は、どちらか1本を切る。

4 樹勢の強い枝は切る

樹勢の強い枝は、秋花も大きい花が咲く枝。主幹として扱い、切りすぎないように注意する。この枝は来春の開花にも必要な枝になる。

交差している枝は間引く。
切り口のまわりの枝のトゲは、グリーンやクリーム色ではなく、木質化した茶色の枝がベスト。

5 最初に太めの枝を切る

全体の樹高の1/3くらいに揃えて切る。一番元気のある太めの枝（開花すると思われる枝）を基準に決めるとよい。

花首を切る

2 蕾・花はすべて切る

蕾の開花を待っていると、秋花の時期が遅れて咲かない場合があるので、もったいないがすべて切る。花も切る。

竹串より細い枝は切っておく。

3 剪定する高さを決める

樹高の1/3くらいを切るイメージで。

切った先端の芽が互いの枝の葉で隠れていたら、葉も少し整理して切る。

6 剪定後の姿

すべての枝にハサミを入れた後、上から見て枝先に直射日光が当たるかを確認する。

新芽の先に蕾が無数についたら、1輪だけ残してすべて摘蕾すると大きい花になる。

秋の開花

枝ぶりが整い、大輪の花がバランスよく咲いた。

✿夏剪定 **TYPE2** 中輪房咲き木立性

フロリバンダ(F)

外側へ枝を伸ばし ふんわり花を咲かせる

フロリバンダのほとんどの品種は、枝先に蕾をたくさんつけ、花束のように咲き、とても華やかです。最近は初心者にも育てやすい丈夫な品種が増えています。樹勢があるものが多いので、外へ広がるように枝を伸ばし、ふんわりと花を咲かせるのが剪定のコツです。

剪定モデル
マチネ(→P49)

1 剪定前の姿

夏をすぎると枝が伸び、先端に花をつける。

分枝を短くして残してもよいが、分かれている下で切り戻してもよい。

4 分枝している枝の扱い

地際から伸びた枝が途中で分技している。上記の図のどちらの切り方でもよい。

切り口に日が直接当たるかをチェック。葉の陰になっていたら、葉を取り除く。

5 剪定後の姿

すべての枝にハサミを入れた後、鉢上から見て枝先に直射日光が当たるかを確認する。

2 花・蕾はすべて切る

枝が茂ってわかりづらいので、花を切る。
切った花は、切り花として飾って楽しんで。

3 剪定する高さを決める

樹高の1/3くらいを切るイメージで。

MEMO

マチネは、木立性で四季咲きの大輪品種（ハイブリッドティー）と、房咲きの小輪品種（ポリアンサ）を交配してできた品種です。秋には淡いラベンダーピンク色の花が房になり、たわわに咲き続けます。

秋の開花

全体の枝先が動き出したとき、液肥や活性液を水で薄めて与えた。すべての枝先と、その下の芽からも蕾がつき、色づいた。

✿夏剪定 TYPE3 3年以上生長したバラ

フロリバンダ(F)

シュートを促して枝を更新 枝を整理して蒸れやハダニ予防

枝の更新をせずに古木になると、カイガラムシがつきやすくなり、樹高も高くなりがちです。特にマイローズのように耐病性に優れている品種は、黒星病にかからないぶん、葉が混み合いやすく、夏場の蒸れやハダニに注意が必要。シュートを促すために枝の整理が大事です。

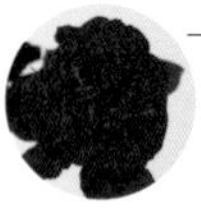

剪定モデル
マイ ローズ (→P42)

1 剪定前の姿

夏の間に葉を落とさず、順調に生長している。摘蕾をしていたので、蕾はついていない状態。

4 シュートは短く切る

8月に出たシュートを切らなかった場合、短く切って他の分枝している枝の高さに揃える。

5 赤い芽の出ていないところで切る

すでに新芽が出ているところは残さずに、その下の太くて堅い枝(直径5㎜以上)の芽の上で切る。

MEMO

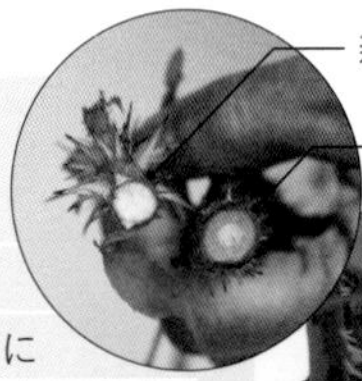

新しい枝と古い枝の違い
切り口を見ると、新しい枝は水っぽく、スポンジ状になっている。古い枝はスポンジ状の部分が少なく、木質が肉厚。

ハサミで切りにくいときは、細いノコギリを使うとよい。

2 古い枝は元から切る

昨年の枝の横に、今年出てきた新しいシュートがある。2本の枝が平行して混み合っているので、古い枝を株元から切る。

3 力のない枝や葉のない枝は切る

枝の途中から太めの枝（直径5mm以上）が出ていなければ、株元から切る。

6 剪定後の姿

細めの枝は切り、樹高の1/3くらいを切る。

秋の開花（花が咲いている向きに180°回転）

マイ ローズは、秋花も春と同じような花が咲く。

夏剪定 TYPE4

小型シュラブ(S)

夏に旺盛に枝が伸び 樹形は何通りにも楽しめる

イングリッシュローズのシュラブは、夏になると株元から旺盛に枝が伸びるタイプが多く、つる仕立てにすることもできます。一方、バッサリ剪定して木立仕立てにしてもよいです。剪定や誘引によって、何通りもの樹形が楽しめるのも、シュラブならではの魅力です。

剪定モデル
ザ ミル オン ザ フロス (→P66)

1 剪定前の姿

春からかなり枝が伸びている。2年生苗から育てた初めての夏。すべて新しい枝で枝数も多く、すでに枝が堅く締まっている。

4 太めの枝以外は切る

先端が分枝している場合、切る位置がちょうど枝分かれしている上なら、その何本かの枝の中で太めの枝を残して他は切り落とす。枝の本数は最高で2本あればよい。

5 混んだ枝を切る

株の内側の混んだ枝を切ることによって栄養が分散せず、風通しがよくなって病害虫の防止にもなる。

2 花は切る

花が大きくたくさんついている枝は、秋バラも咲かせやすいので、切る前に注意深くどの枝に花がたくさんついているか見ておくとよい。

3 剪定する高さを決める

樹高の1/3くらいを切るイメージで。

6 剪定後の姿

右側の太い枝は、先端が分枝しているので高めに残した。

秋の状態

シュラブは秋の日照時間が少なく気温が低いと、蕾がつきづらい。また、初秋の気温が高いと伸びすぎてしまうこともある。

✿ 夏剪定 TYPE5

中型～大型シュラブ(S)

伸びる性質を抑えて全体の形を整えやすくする

最近のシュラブは秋まで繰り返して咲くタイプが多いので、夏剪定をして秋バラを楽しむことをおすすめします。半つる性のぐんぐん伸びる性質が抑えられ、扱いやすくなります。ただし、幼苗期《ようびょう》の強い刈り込みは、樹勢を弱めて生長を妨げるので避けましょう。

剪定モデル
ジュール ヴェルヌ（→P36）

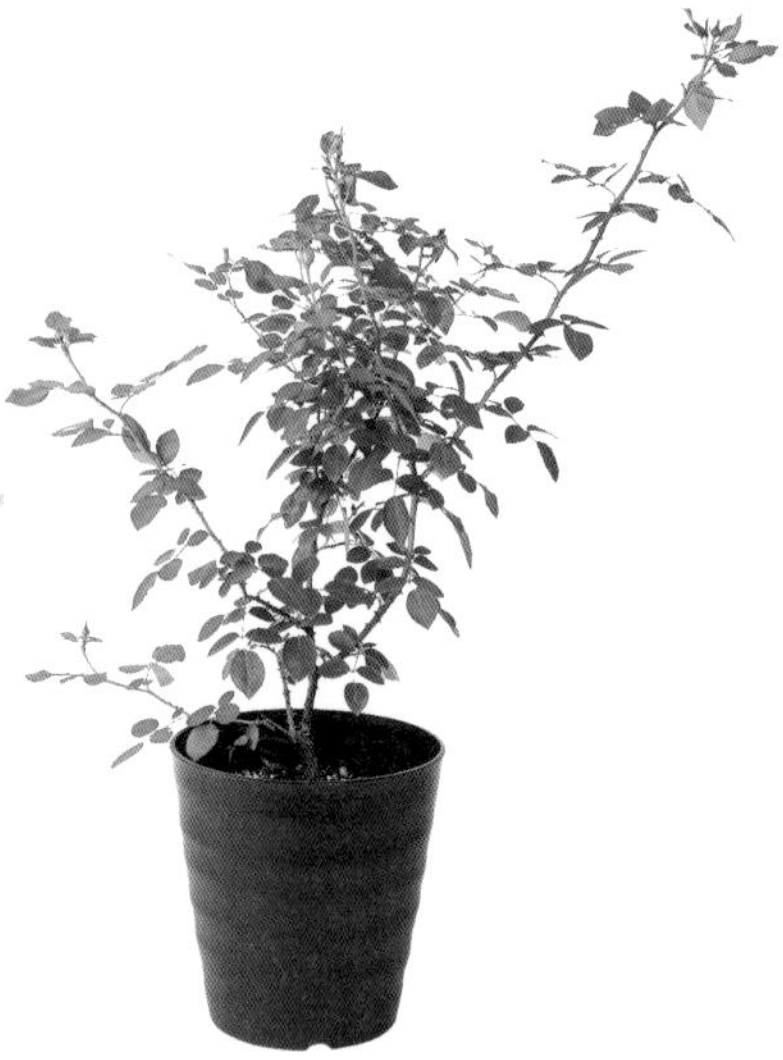

1 剪定前の姿

夏の気温上昇に伴い、急に枝が伸びはじめる。枝が四方八方に広がり、バランスも悪い状態。

枝と枝の高さが平行で近い枝は、どちらか1本を切る。

4 枝を結びつける

アイアン支柱に枝を寄せて、ビニタイや麻ひもでしっかり結びつける。

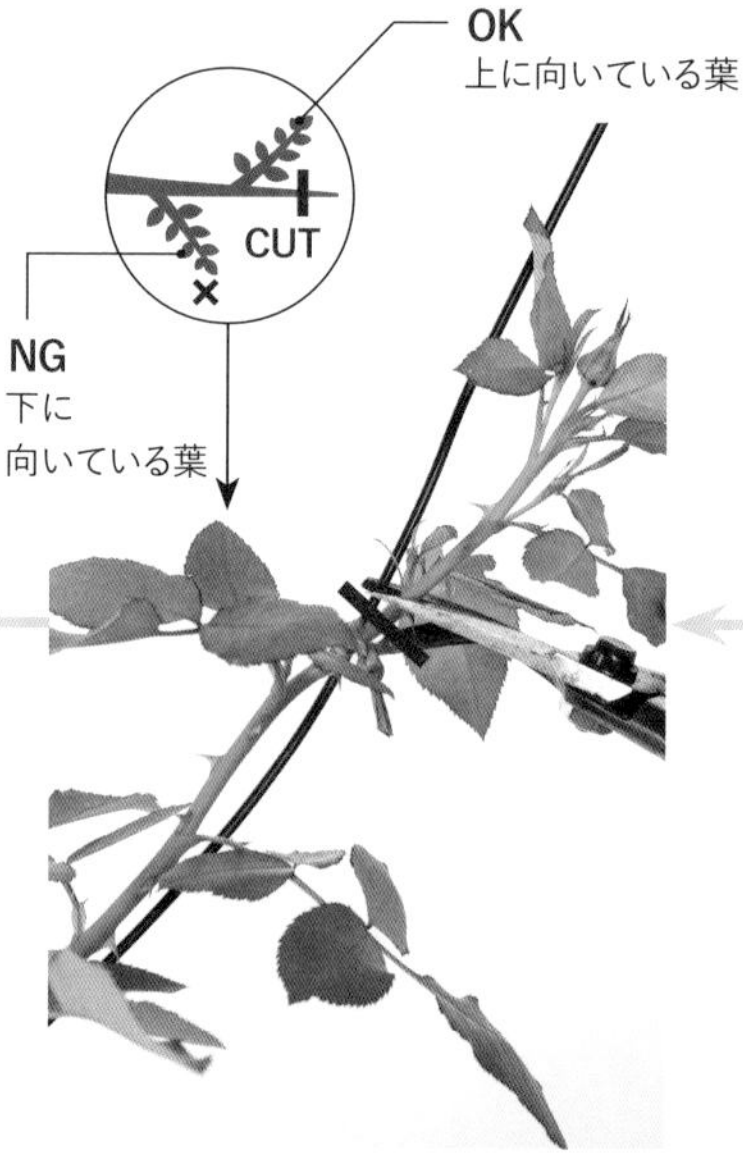

OK
上に向いている葉
CUT
NG
下に向いている葉

5 枝先は切り揃える

結んだ先の枝を切る。切るときは、上に向いている葉の上で切るのがポイント。

株元も少しすかすように切る。

6 混み合った枝や葉は切る

近づきすぎた枝、混み合った葉は整理して切る。

2 株の中心の手前に支柱を立てる

長い枝を活かしてバランスよく整えるために、株の中心の手前にアイアン支柱を立てる。

3 枝に沿わせて外側へ曲げる

アイアン支柱は細めで、自由に形づくることができる。少しずつ曲げながら、枝の向きに沿わせるように外側へ向ける。

7 誘引後の姿

この時点ではバランスが悪いが、枝が伸びてくることを想像しつつ、少し短めにしておく。

秋の開花

シュラブ特有の、自由に光に向かって伸びる生き生きとした姿が自然で美しい。アイアン支柱がないと、花は重みで下を向き、地についてしまうことがある。混みすぎている部分は、アイアン支柱を少し広げると解決できる。

✿ 夏剪定 TYPE6

スタンダード仕立て(ST)

夏・冬の剪定を欠かさず常に樹形を整える

夏・冬の剪定で常に樹形を整えることが必要です。ただし、購入したばかりの苗のときは、あまり強い剪定をしてしまうと樹勢が弱ってしまいます。また、近年の夏の猛暑で、水分不足や高温障害で根が傷む場合が多く、特に夏場のお手入れがカギとなります。

剪定モデル
ヴィンテージ フラール(→P50)

1 剪定前の姿

夏の間に黒星病で葉を落としたり、暑さで葉がカサカサになって黄変したりした場合、あまり切り戻さずに軽く先端のみを切るくらいでよい。

品種によって残す枝数、切る位置の太さは、スタンダード仕立て以外の地際から育てるバラに準じてよい。

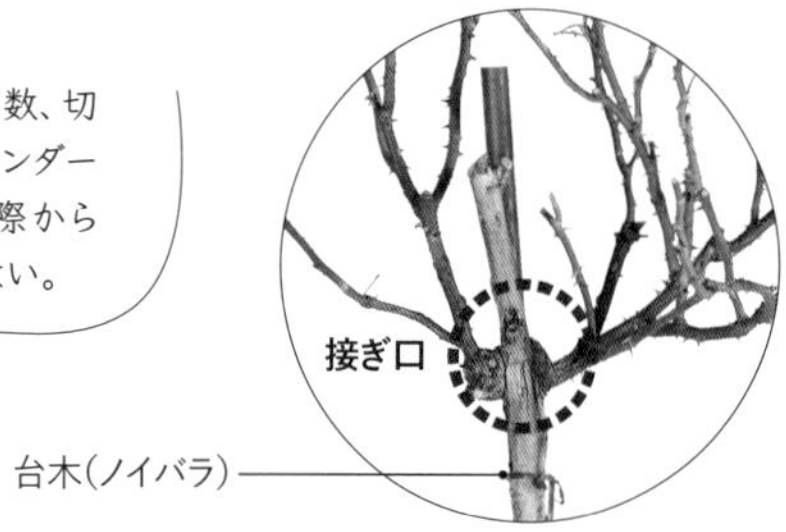

4 高さを揃えて切る

接ぎ口が1～3か所(栽培者によって異なるので、最初に何か所接いであるかを見て)、左から右へ、右から左へ極端に交差している枝は元から切る。それぞれの接ぎ口から広がる向きを交差させずにつくるように剪定すると、混み合わずに左右前後が平均になって美しい樹形になる。

蕾があれば切る。
接ぎ口

2 花・花がらはすべて切る

花・花がらを切り、黄変した葉があれば取る。さらに、枯れた枝や細すぎる枝が接ぎ口のあたりにあるときは切る。

1本だけ長く太くなってしまった枝があれば、他と揃える。

3 剪定する高さを決める

接ぎ口から先端までの1/3くらいを切るイメージで。

5 剪定後の姿

添えてある支柱に、台木がきちんとまっすぐに留めてあるかを確認する。

秋の開花

バラの仕立てでは、特に存在感がありシンプルで美しい。

MEMO

このバラの仕立てを維持するには、接ぎ木をする品種の選定がとても重要です。大きすぎず、こんもりと広がる樹形に適した品種を選んで接ぎ木します。

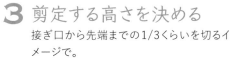

✿夏剪定 TYPE7

ミニチュア(Min)

挿し木か接ぎ木かを見極める
愛らしさを引き出す剪定を

ミニチュアは、挿し木と接ぎ木の苗が出まわっています。剪定する前にどちらの苗か見極めることが大切。挿し木の苗は根が少ないので、強い切り戻しに向きません。品種によって花の大きさ、樹高にばらつきがあります。ミニチュアなので、愛らしさを引き出せる剪定が好ましいです。

剪定モデル
リトル アーチスト(→P58)

この苗は「接ぎ木」。株元が太くがっちりして、そこから何本か太めの枝が出ている。この枝で主幹を作る。

1 剪定前の姿

株元を見て、挿し木苗か接ぎ木苗かを判断する。地際から一本だけ立ち上がり、接ぎ木がされているなら接ぎ木苗、地際の表面から緑の枝が何本も出ているものは挿し木苗。

枝をすかしすぎてしまっても、残された枝から3・4芽目が出て花が咲くので心配はない。
重なっている枝があれば、どちらかを選んで切る。

4 中心に近い枝を1本切る

頂点を決めるために、中心に近い枝を1本切り、そこからドーム状になるように、他の枝も樹高の 1/3くらいで切る。

5 下からのぞきながら枝抜きをする

片手で持てるサイズの鉢植えであれば、上から見て切るよりも、下からのぞくように斜めにすると枝抜きしやすい。

蕾があれば切る。

2 花・花がらは切る

葉が密に茂っているので、枝を見やすくするために蕾・花・花がらは切る。

枯れた枝やしおれた葉がある場合は切る。

3 剪定する高さを決める

ドーム状に、樹高の1/3くらいを切るイメージで。黄色い葉、枯れた枝、細すぎる枝は切る。

6 剪定後の姿

全体的に葉の分量が1/2くらいになった。新芽が出るまで、薄い液肥をかけるとよい。この時季、根鉢を崩さなければ、お気に入りの鉢に入れ替えることもできる。

秋の開花

ドーム状に可愛らしく咲かせることができた。

✿夏剪定 TYPE8

ポリアンサ(Pol)

ミニチュアより樹高が高い剪定はドーム状をめざす

ポリアンサは、房咲きの多花性で小輪のものがほとんどです。ただし、ミニチュアとは異なり、樹高が高く幅があるフロリバンダ(中輪房咲きバラ)のような品種もあります。ドーム状の剪定が向いていて、まとまって花が咲いた姿は、まるでブーケのような愛らしさです。

剪定モデル
ラディッシュ(→P61)

1 剪定前の姿

夏になると樹勢がつき、シュートに花が房で咲いてしまうこともある(向かって右の枝)。

咲かない未熟な枝(やわらかくて若すぎる枝)もあるので注意する。

太めの枝(太さ5～8㎜)を切ると、再び枝が出てきて房になり、蕾が5～10個くらいつく。細めの枝(太さ2㎜前後)は短く出て(長さ2～3㎝)、1～2輪の花が咲く。それをイメージできると、全体がまとまるように剪定できる。

4 飛び抜けて長い枝は切る

飛び抜けて長い枝は切り、その他は軽く揃えるように切る。樹高の1/3くらいを切る。

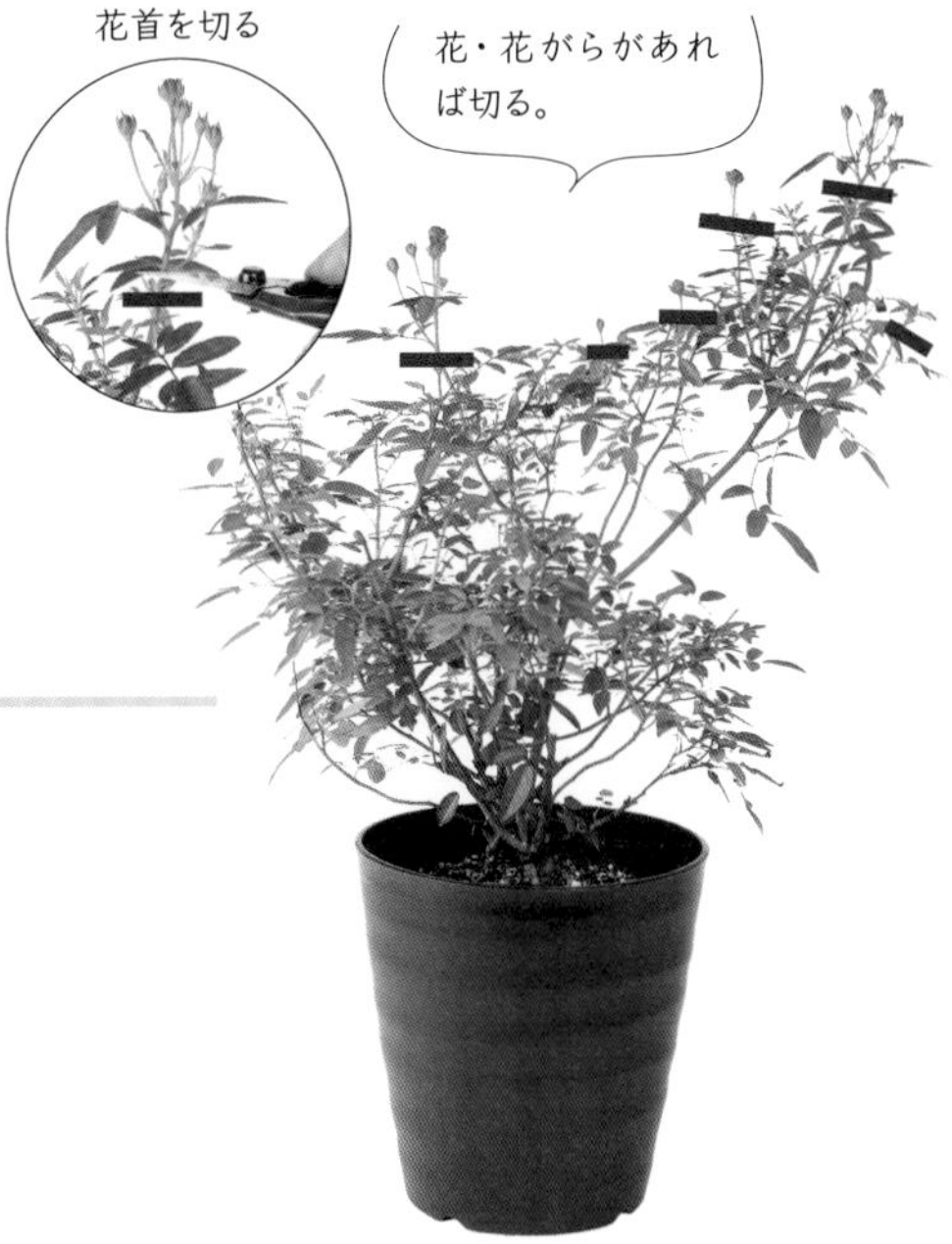

2 蕾はすべて切る

蕾を切ると、切り口が白く見えるので、枝の太さがわかりやすくなる。あまりに細すぎる枝は、先に枝抜きをしておく。

3 剪定する高さを決める

株元に近い枝が、病気や乾燥によって葉を落としている場合は、あまり強く切り戻さないほうがよい。軽く先端を切るくらいにしておく。

5 剪定後の姿

剪定した後、さらに枝が混みすぎていたら、もう一度すかし剪定をするとよい。太めの枝ばかり残すと勢いのある枝が出てしまうので、ふんわりとした雰囲気を作りたいなら細めの枝も残すとよい。

秋の開花

シュートは太めで直径8㎜、細めでも2㎜くらいなので、それぞれの枝を切っても同じように花数や花の大きさは揃わない。好みの咲き方を、次回の剪定に活かすとよい。

冬剪定の意味と適期

バラは気温が5度以下になると休眠します。
12月末～2月末の時期に、冬剪定をしましょう。

1 冬剪定の意味

バラの樹形のタイプや、咲かせる場所の広さ、花の大きさによっても、枝を切る位置は変わってきます。

ただ「こうしなくては絶対にだめです」というような法則はありません。「このくらい切っておけば、まあまあの花が咲きますよ」くらいのものなので、あまり気負わないことです。

まずは「バラは切ることで、よい花が咲く」と思いながら、剪定をはじめましょう。

2 冬剪定の適期

ひと言で冬といっても、南北に細長い日本列島は、最低気温が12月からマイナスになる所もあれば、冬でも10度以上ある所もあります。

一概に時期を定めるのは難しいですが、関東以南であれば、12月末から2月末までに剪定すれば、ほぼ大丈夫です。

なお、雪が降っても積もらない地域であっても寒冷地では1～2月の剪定は避け、寒さがゆるむ3月中旬～4月上旬までに切るとよいでしょう。

いずれにしても、芽が伸び出す前に冬剪定を行ってください。

3 鉢の高さの1・5～2倍が目安

不要な枝を切るとバラは更新されて老化せず、毎年花数が極端に減ることもなく咲いてくれます。樹高を低くできるのも、この冬剪定の時期ならではです。

全体のバランスを見て切ることが大事で、特に鉢植えの場合は鉢の高さとのバランスを考えます。鉢の高さ1に対して、1・5～2倍までが花の位置になるとバランスがよいので、伸びるぶんを計算して低くしましょう。

ただひとつ、冬剪定で気をつけたいのは、11月から2月に買ったばかりの大苗の鉢植えは、切らずに春まで待ちましょう。出荷前に冬剪定を済ませてあるからです。

4 「あなた好みの剪定」が正解

剪定はとても難しいものと思い込まず、まず切ることに慣れることが大事です。冬剪定では、どこで切っても、だいたい咲くものです。

その要領は、実際にハサミを持ってバラを切ってみないと、いくら本を見ていてもわかりません。深く長めに枝を切っても、浅く短く切っても、切ったなりに咲くのがバラというものです。

剪定の方法について、どの本を見ても同じように書かれていないのは、それだけパターンも多く、デザインとして見る樹形の姿は、人それぞれで異なるからです。正解はひとつではないので、いくつかの選択肢の中から、あなた好みの剪定を見つけることが大切です。

それには芽の選び方や、枝の良し悪しなど、最初のうちは難しいかもしれませんが、一つひとつチャレンジしてみてください。

そのうちに慣れてきて、いちいち芽を見なくても、枝の状態を見るだけで、切る位置がわかるようになるでしょう。

冬剪定をしなくても花は咲くが、樹形が乱れて花数が少なくなる。

葉の取り方

冬剪定で葉を取るのは、バラを休眠させて、病害虫を春に持ち越さないためです。

葉を指でつかみ、下方へ引くようにしてむしります。枝先は取れないので、ハサミを使いましょう。

剪定前に葉をすべて取ると樹形の骨格がわかり、どの枝を切ればよいのか、ひと目でわかります。

短時間で剪定を進めたい場合は、大まかに剪定を済ませてから、残った葉を取ってもよいです。

✿冬剪定 **TYPE1** 大輪四季咲き性

ハイブリッドティー(HT)

太い枝まで深く剪定し枝数を減らす

大輪花（直径10㎝前後）をつけるタイプです。ある程度太い枝まで深く剪定したほうが、花枝が太く伸び、大きな花をしっかりと支えることができます。枝数を減らして枝間を空けることで、一輪ずつの存在感が際立ち、豪華な花を咲かせることができます。

剪定モデル
クランベリー ソース（→P46）

剪定前に葉をすべて取り除く

※枝先の葉は手で取り除きにくいので、ハサミで切ります。

剪定前

秋花開花の時期より、枝が伸びている。

剪定後

樹高を1/2に剪定し、太い枝を3本残した。

春の開花

春はゆったりと大輪で咲き誇るその優美さに、時を忘れて見入ってしまう。

1 堅く締まったところで切る

鉢植えの場合は、全体の高さを地際からかなり低くして、鉢とのバランスを取ることが大切。秋に伸びた枝は未熟なので、その下の堅く締まった枝のところで切るほうが、大きい花が咲く。

2 分かれた枝先は切る

分枝させればさせるほど、花は小さくなる。分かれた枝先をよく見て太めの枝を選んで残すか、全体のバランスを見て切る枝を決めてもよい。

3 地際から伸びた太い枝は短く切る

地際からまっすぐ伸びた枝は、以前に切ったところから勢いよく伸びた枝。ある程度は短く切っておいたほうがよい。

4 分枝した枝の下を切る

全体のバランスを見て、地際からの3本の枝でかなりのボリュームが出せると判断したら、先のほうは短めに切り揃える。

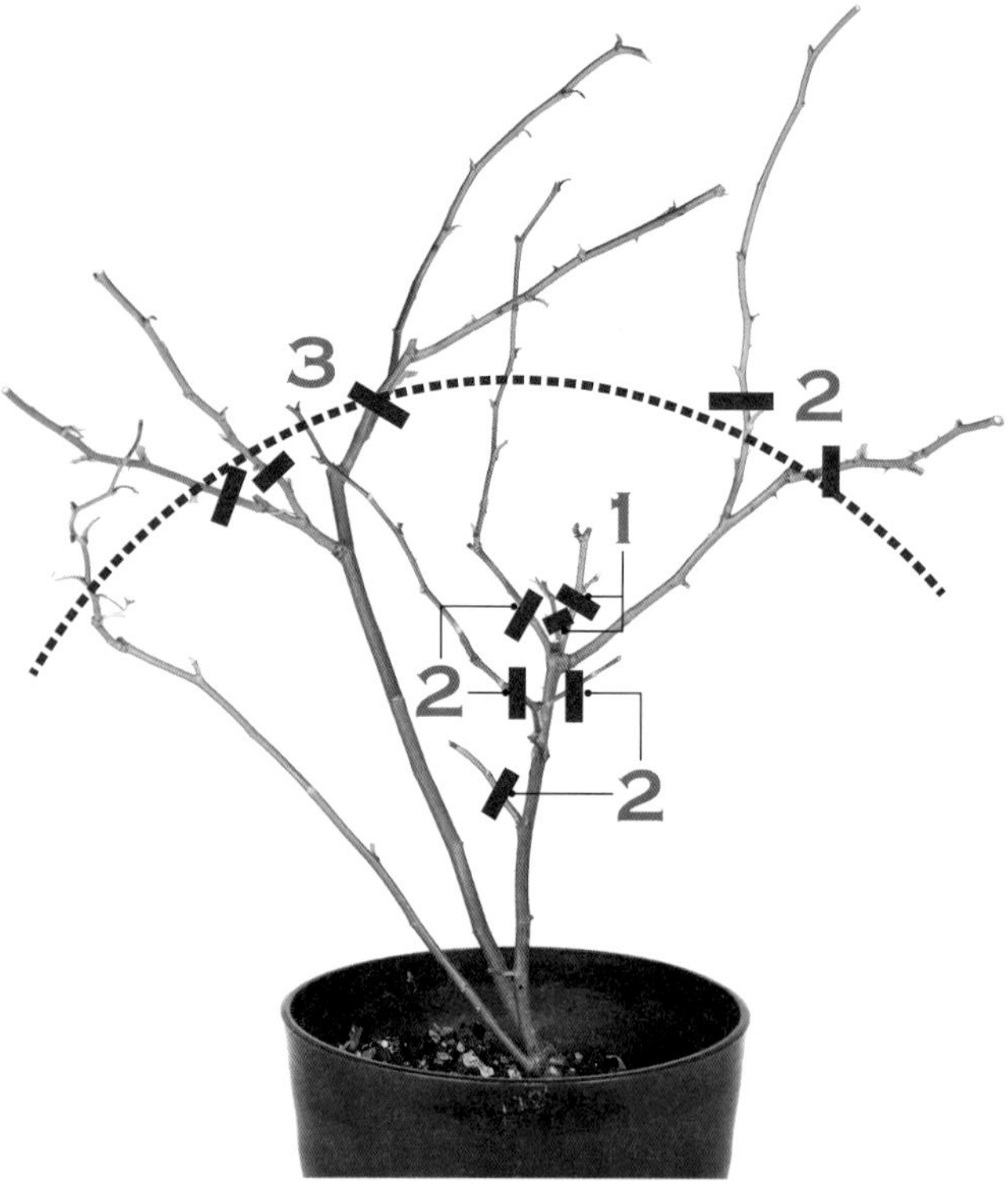

剪定前に葉をすべて取り除く

※枝先の葉は手で取り除きにくいので、ハサミで切ります。

✿冬剪定 **TYPE2** 中輪房咲き木立性

フロリバンダ(F)

なるべく主要な枝数を残し ブーケのようなイメージに

中輪房咲きの木立性・四季咲き品種です。多花性の魅力を出すためには、ハイブリッドティーのように枝数を減らすのではなく、なるべく残す剪定をしましょう。ブーケのように花がまとまって咲く姿をイメージするとよいです。たくさんの花が咲く姿は圧巻です。

剪定モデル
マチネ(→P49)

剪定前

秋花開花の時期より、枝が伸びている。

剪定後

樹高を1/2に剪定し、枝数を減らした。

春の開花

見事な数の房。成木になればひと枝に30〜50輪の花が咲く。

混んだ枝をすべて切った状態

枝が混み合うと葉が茂りすぎて風通しが悪くなり、病害虫の被害にあいやすい。

1 混んだ枝は切る

花を咲かせるためには、枝が混み合わないように枝数を減らす。

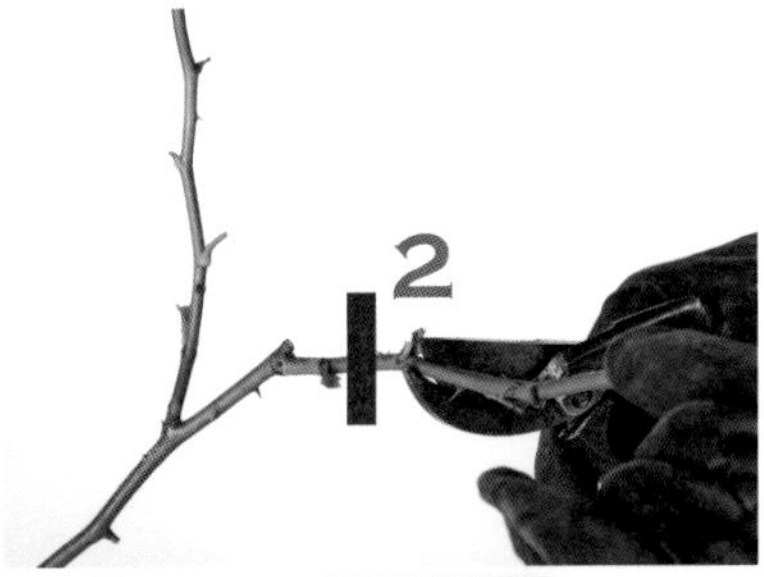

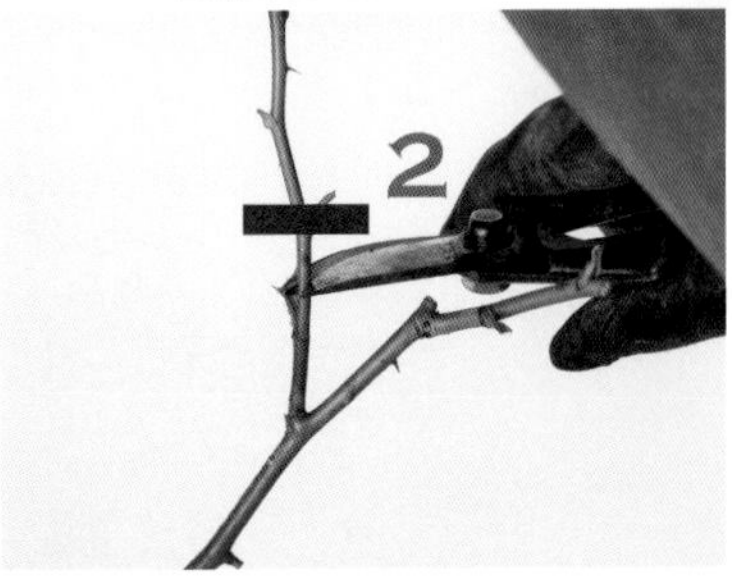

2 細い枝は切る

先端の枝はやわらかく、未熟な芽しかつかない。立派な花を咲かせるために、枝数を減らす。

3 三叉の部分を短く切り揃える

さらに短く切り揃えると、大きな花が咲く。ふわっと花数を多めに咲かせたいときは、切らなくてもよい。

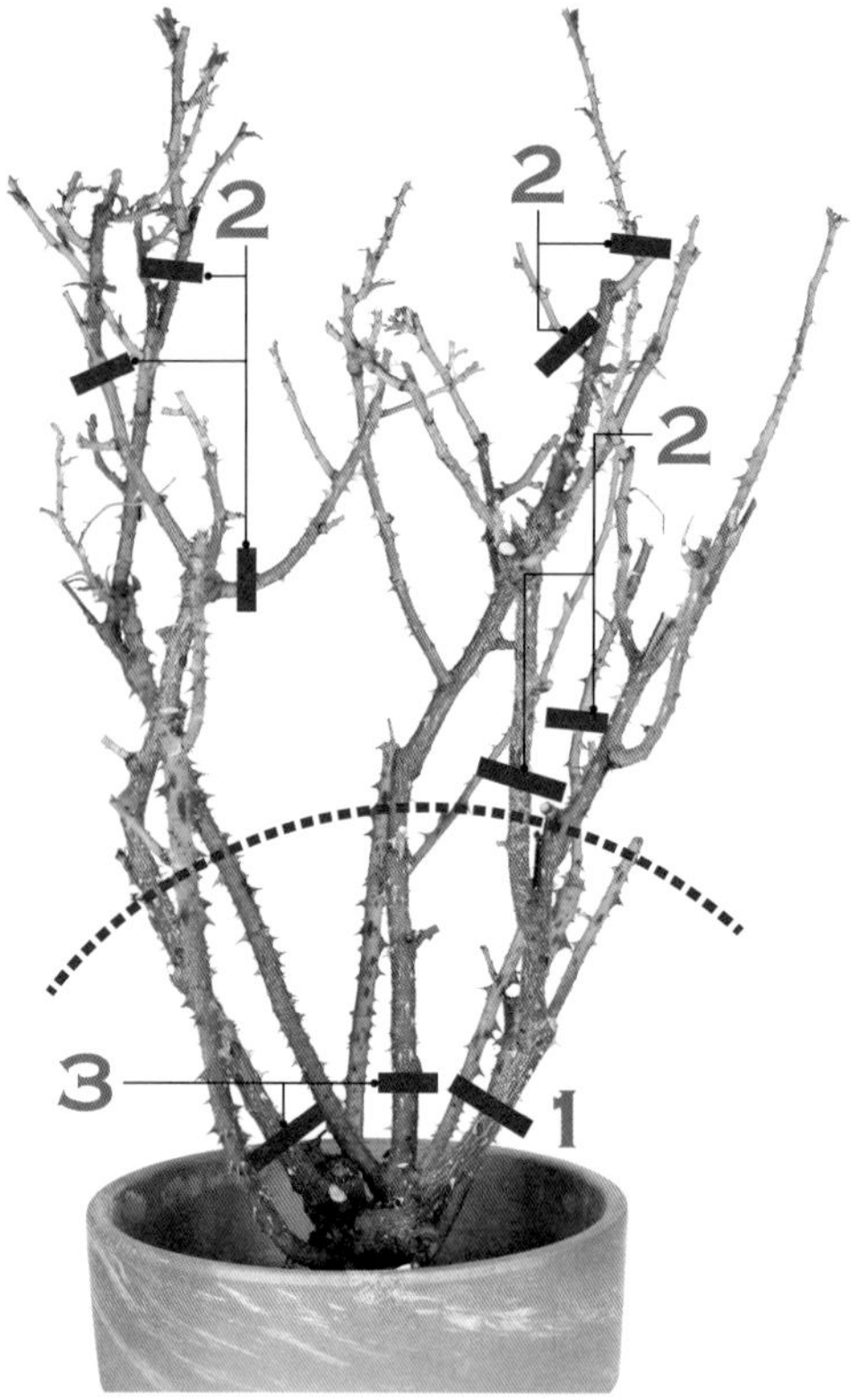

剪定前に花や葉をすべて取り除く

※枝先の葉は手で取り除きにくいので、ハサミで切ります。

✿冬剪定 TYPE 3 3年以上生長したバラ

フロリバンダ(F)

枝の更新をして樹形を整え強剪定で樹高を低めに抑える

3年以上経った株は、新旧の枝がかなり多くなり、枝の整理が必要です。全体を見て、勢いがよく花がたくさん咲いた枝を主幹として残します。さらに、シュートを使って、株元から放射状に広がるイメージで剪定しながら、内側の混み合った枝を抜きましょう。

剪定モデル
マイ ローズ (→P42)

剪定前
花がまだ数輪咲いていることもある。

剪定後
細い枝や古い枝を減らし、樹高を1/3くらいに剪定した。

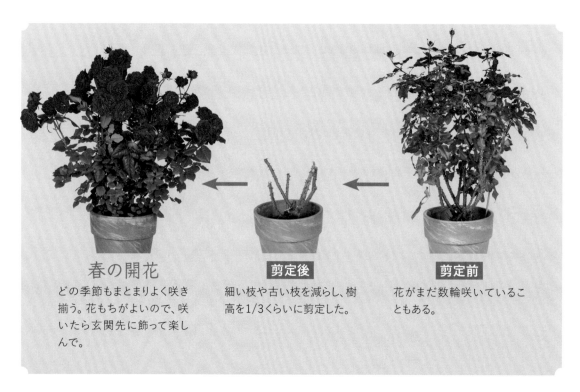

春の開花
どの季節もまとまりよく咲き揃う。花もちがよいので、咲いたら玄関先に飾って楽しんで。

1
混み合った細い枝は切る

（わかりやすくするために、株を180°回転して撮影）耐病性のある品種（マイローズなど）は、病気で葉が落ちないぶん、ハダニがついたりベト病にかかったりしやすい。混み合った細い枝は切り、風通しをよくすることで予防できる。

2
さらに細い枝は切る

まだ枝が混み合っているので、さらに枝を切ってすっきりさせる。

3
枝の更新をする

3年以上経った株は、新旧交代が必要になる。新しいシュートがある場合は、古い枝を切って更新させる。そうすれば、カイガラムシやカミキリムシなどの被害も軽減できる。

※古くて堅い枝は枯れ込みにくいです。

4
切り口にゆ合剤を塗る

古い枝は堅いのでノコギリで切る。切り口が大きく広い場合は棒の先に「ゆ合剤」をつけ、切り口に塗る。

ゆ合剤

切り口を保護する働きがある「ゆ合剤」。枝を切った後に寒さで枯れ込むのを防いでくれる。寒冷地はもちろん、暖地でも切り口が大きい枝には使用したほうがよい。

5
全体の高さを揃える

鉢の高さと株のバランスを見て、地際から鉢の高さの1倍から2倍まで切り戻す。

✿ 冬剪定 TYPE4

小型シュラブ(S)

樹形に合わせて剪定し品種の個性を活かす

樹形は、半直立性から横張り性まで幅広いタイプがあります。購入したらまず、その樹形の特徴をよく見て、それぞれの品種のよさを活かす剪定をするとよいでしょう。個人宅では、かしこまった姿にするより、鉢を置く場所や品種の個性に合った剪定がおすすめです。

剪定モデル
ザ ミル オン ザ フロス(→P66)

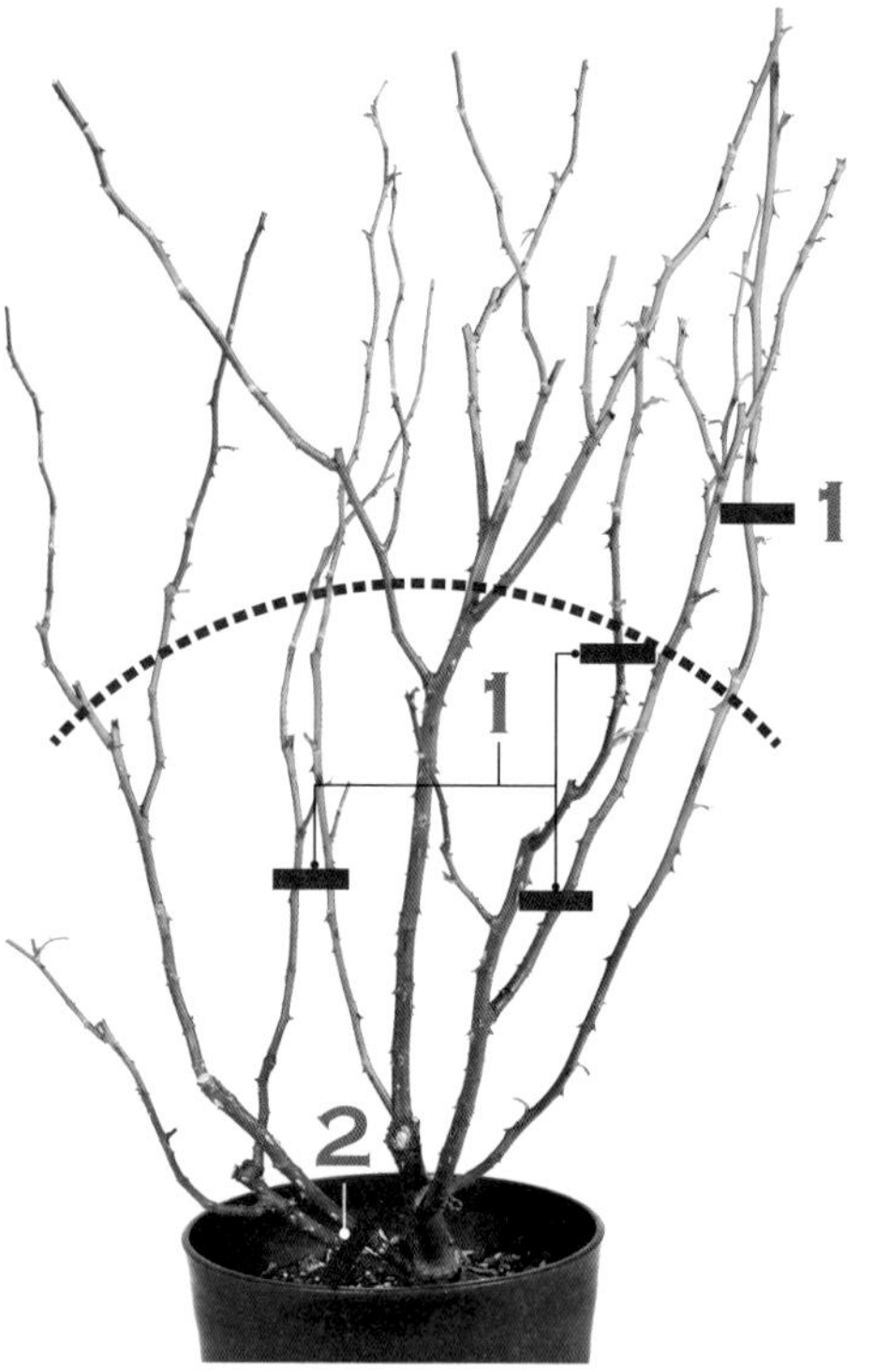

剪定前に葉をすべて取り除く

※枝先の葉は手で取り除きにくいので、ハサミで切ります。

剪定前

秋花開花の時期より、枝が伸びている。

剪定後

樹高を1/2に剪定し、枝数を減らした。

春の開花

地植えにすると幅1.8mのフェンスも覆って咲き乱れる。冬に強剪定しておくと、鉢植えでもコンパクトに楽しめる。少し伸び伸びとして、小枝が遊ぶ雰囲気も優し気でよい。

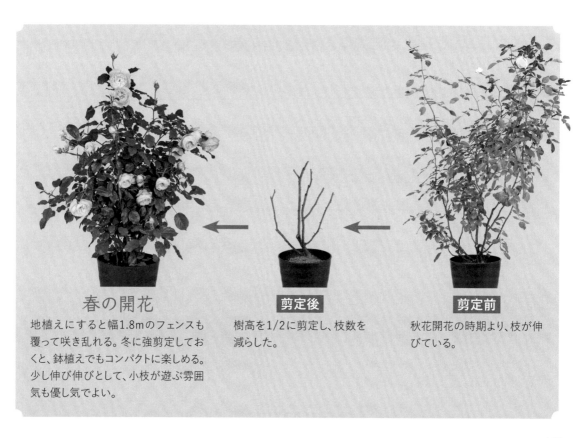

1 内側の細い枝はすべて切る

株の中心に向いている細い枝は、すべて切る。

2 枝の更新をする

シュラブは他の品種に比べてシュートの出がよい。あまり剪定せずに枝を残しすぎると、株元に日が当たらず水分不足にもなり、シュートが出にくくなる。枝を更新することで、翌年のシュートが出やすい。

3 樹高を1/3にする

細い枝をすべて切り、高さを1/3に切った状態。しっかりと充実した堅めの枝が残った。

植え替え

剪定後、鉢を横向き（90°回転）にしたら、樹形が曲がっていたため、まっすぐになるように植え替えた。バラは向光性があるため、置き場によっては傾きが出てしまう。強風に当たって傾いてしまうこともある。

✿冬剪定 TYPE5

中型〜大型シュラブ(S)

大らかに広がる姿を鉢の中で凝縮して表現する

イギリスの広い庭を持つマナーハウスなどでは、芝生の中で大らかに広がって咲き乱れるシュラブ・ローズをよく見かけます。日本では広々とした庭は少なく、さらに鉢バラはコンパクトになります。大らかな姿を凝縮した仕立てで楽しむのもよいでしょう。

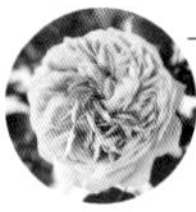

剪定モデル
ジュール ヴェルヌ（→P36）

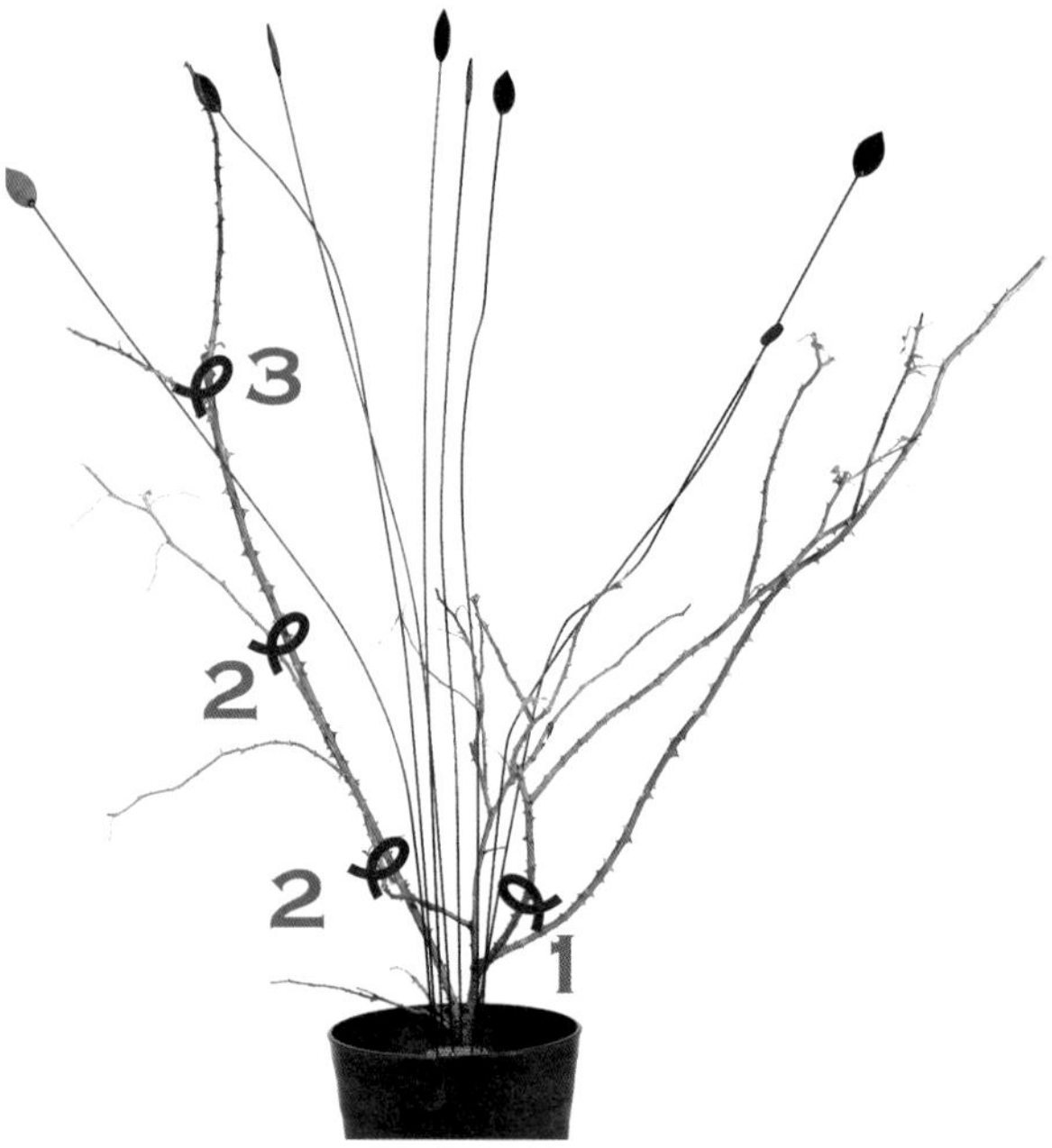

剪定前に葉をすべて取り除く

結びつけているひもは、すべて取り除く。
※枝先の葉は手で取り除きにくいので、ハサミで切ります。

剪定前
秋花開花の時期より、枝が伸びている。

剪定後
しだれるような形に誘引し、細い枝先のみ剪定した。

春の開花

アイアン支柱を使うと、枝を思うように広げたりすることができる。花の向きが揃って、花が連鎖するような流れを出せる。

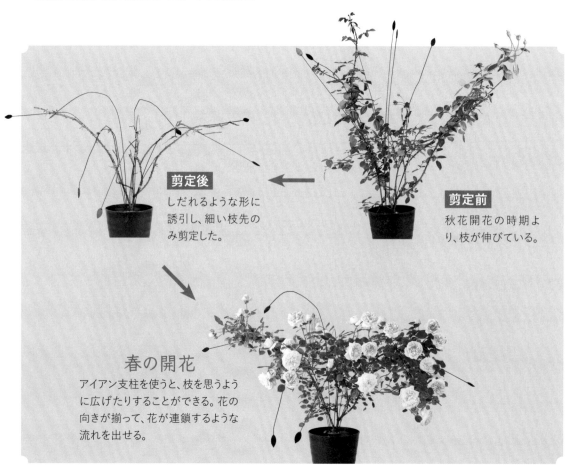

1 トレリスの下部に枝を結ぶ

株元を麻ひもでトレリスに結び、枝を固定する。

※置き場所が広くない場合は、縦型のトレリスやオベリスクを使って、コンパクトに仕立てることもできます。

2 上へ向かって結んでいく

株元の枝を結び終えたら、上のほうへ順に麻ひもで結んでいく。

3 太めの枝は先端まで結ぶ

太めの枝は、先端まで結ぶほうがよい。このとき、細い枝は切る。

4 細い枝先は遊ばせる

細い枝はすべて切らずに、軽く遊ばせた枝をつくってもよい。

✿ 冬剪定 TYPE6

スタンダード仕立て(ST)

こんもり咲くイメージで華やかな姿を演出する

台木（ノイバラ）が0・8～1・5mまで伸び、高い所に接ぎ木されて空間に花が咲くスタイルです。とても華やかな姿で、庭に置くとフォーカルポイントになります。こんもりと花の咲くイメージで剪定します。ボリュームのある樹形にするには、3年くらいかかります。

剪定モデル
ヴィンテージ フラール（→P50）

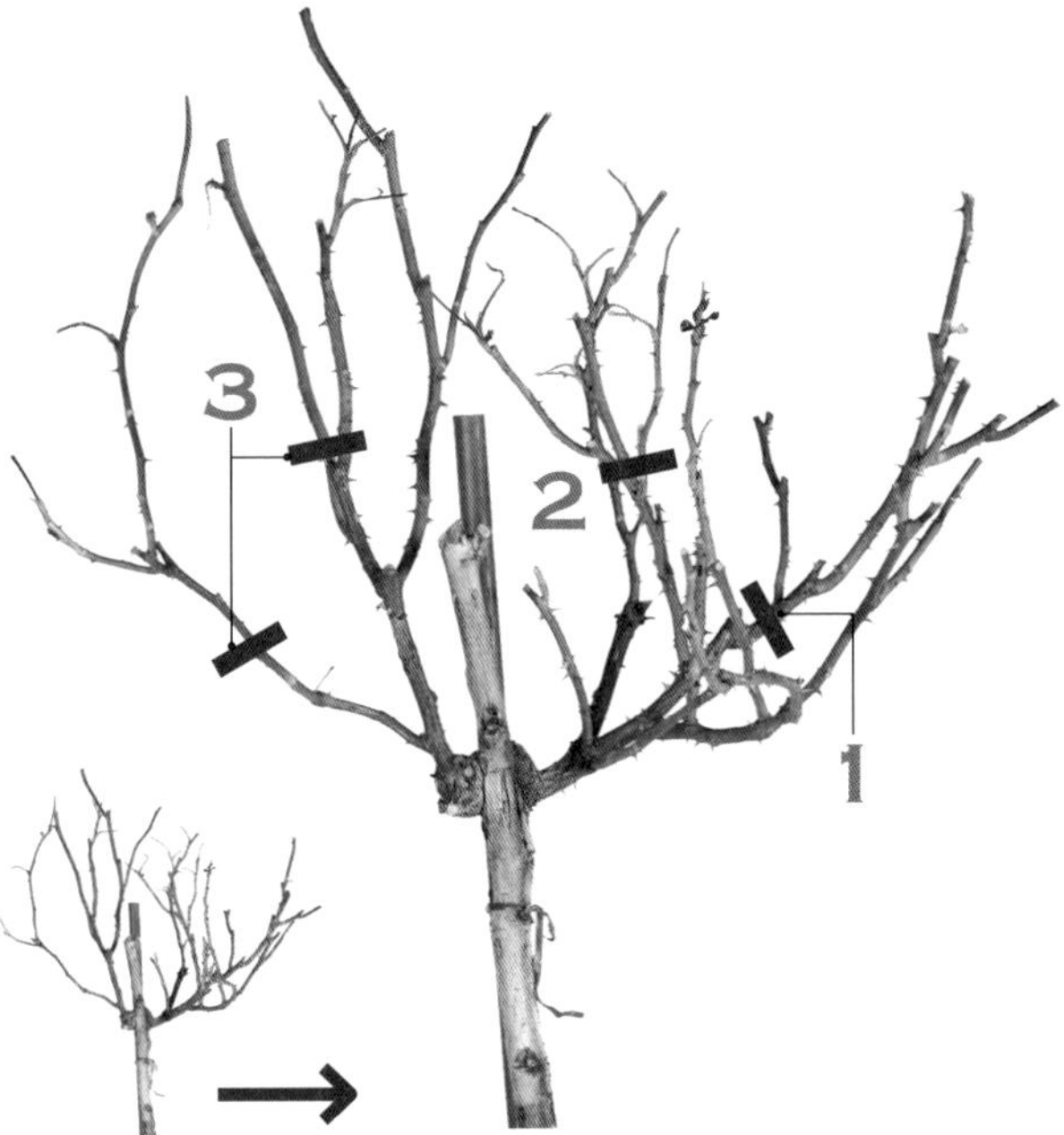

剪定前に葉をすべて取り除く

※枝先の葉は手で取り除きにくいので、ハサミで切ります。

剪定前

秋花開花の時期より、左側の枝が伸びている。

剪定後

左右均等にするために、右側の枝数を減らした。

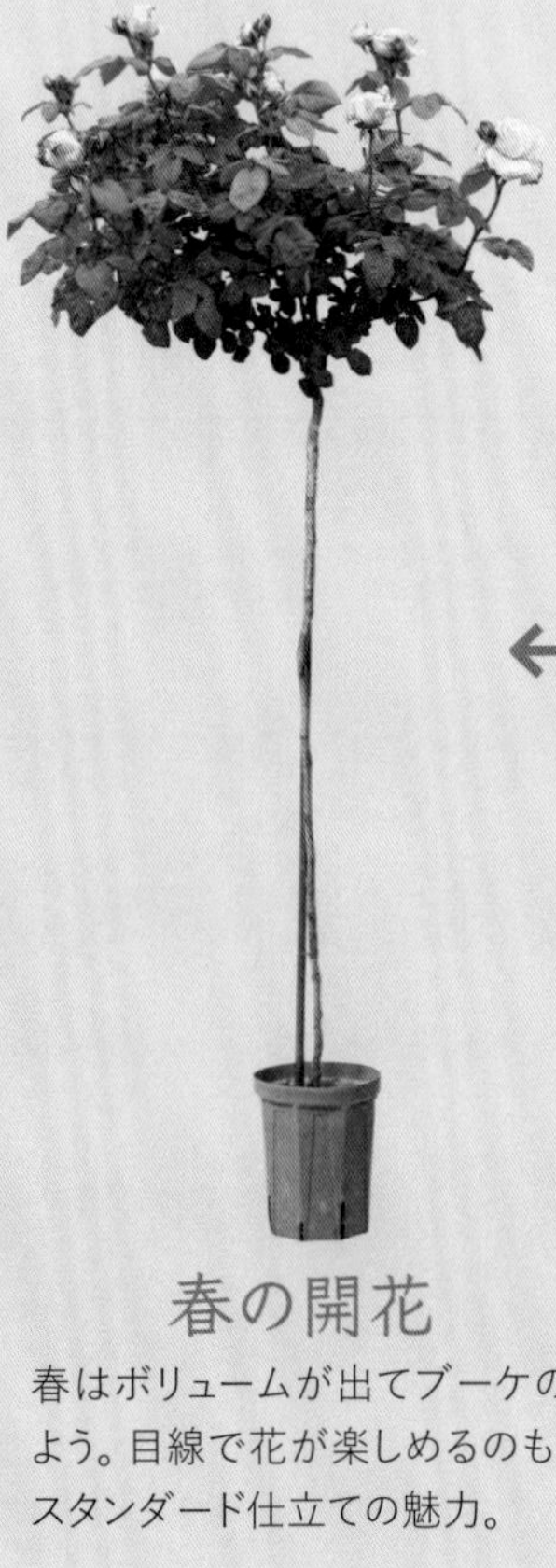

春の開花

春はボリュームが出てブーケのよう。目線で花が楽しめるのも、スタンダード仕立ての魅力。

1 交差枝は切る

剪定の基本として、交差枝はないほうがよい。多くの枝が入り交じってしまうと、接ぎ口からの栄養の流れ（行き先）がわかりづらくなる。

2 内側へ向かう枝は切る

スタンダード仕立ては、台木に2芽が向かい合って接いであることが多い。それぞれの枝は外へ向けて伸ばしたほうが、バランスのよい樹形をつくりやすい。

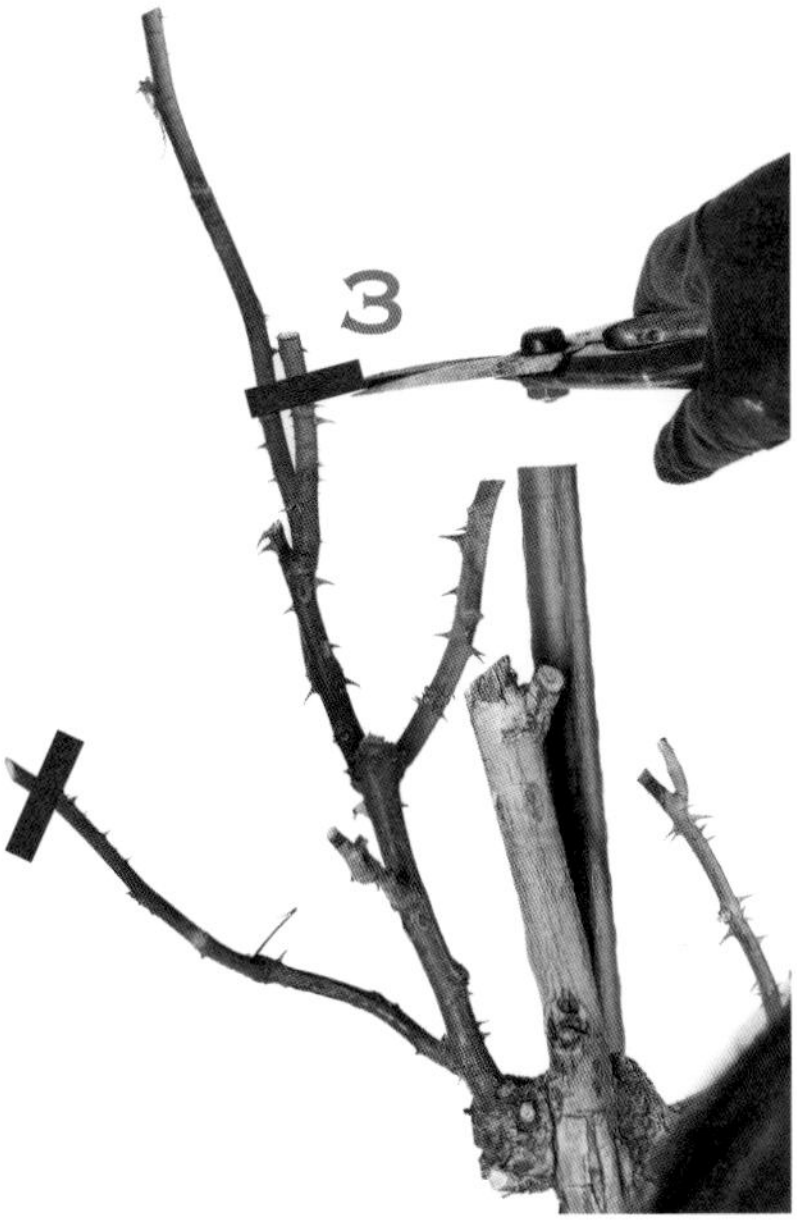

3 左右の枝のバランスを整える

2芽接ぎの場合、左右の枝の分量のバランスが大事。弱ったほうは枝が多めに、勢いがあるほうは枝を少なめにし、全体のバランスを整える。

剪定前に葉をすべて取り除く

※枝先の葉は手で取り除きにくいので、ハサミで切ります。

✿冬剪定 TYPE7

ミニチュア(Min)

枝すかしをすれば
何年も生き続けられる

挿し木されたものと、接ぎ木（台木はノイバラ）されたものが出まわっています。接ぎ木されたものは生長が早く、半年で小枝がたくさん出て密になります。冬の剪定で枝をすかして整枝すると、夏場に葉が茂りすぎてハダニの被害にあわず、手をかけることで何年も生き続けられます。

剪定モデル
リトル アーチスト（→P58）

春の開花

ミニチュアローズは春から秋まで、いつも密に花を咲かせることができる。手軽に運べて、好きな場所で楽しめる。

剪定後

樹高を1/2に剪定し、形が整えられた。

剪定前

秋花開花の時期より、枝が伸び、バランスが悪い。

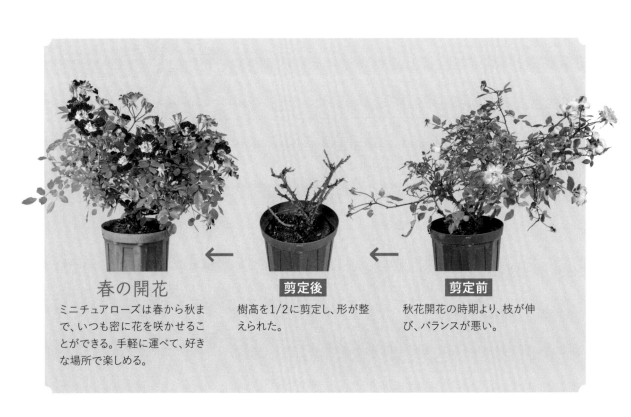

1 枝と枝の間隔が近い部分を切る

（わかりやすくするために株を右へ45°回転して撮影）生長期に枝が混み合った場合、重なる部分をなるべく少なくする。

2 枝が重なっている部分は切る

枝の重なりをなくすと、カイガラムシやカミキリムシなどの被害も軽減できる。

3 下向きの枝は切る

地面の方へ向いている枝は、生長しても光が当たりづらくなり、花が下向きに咲くので切る。

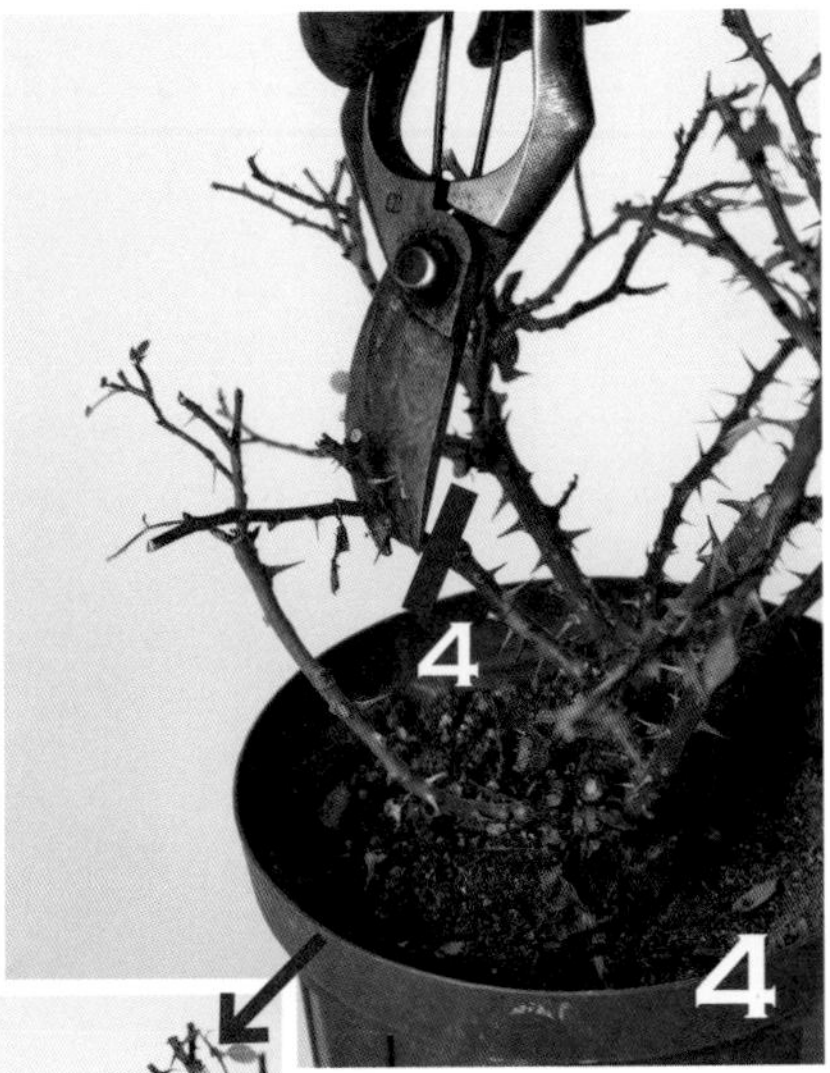

4 二叉に分かれている枝の対応

全体の高さを見て、揃えながら切り詰める。二叉に分かれている部分はどちらかを選び、1本だけ残してもよい。あるいは、2本とも残して短く切ってもよい。

✿冬剪定 TYPE8

ポリアンサ(Pol)

絶えず整枝しながらバランスよく咲かせる

接ぎ木（台木はノイバラ）され、ミニチュアより大きく育ちます。房咲きで多花性なので、枝が混み合いすぎると樹勢が弱くなり、枯れ込む枝も出てきます。絶えず整枝しながら、全体の形を整えていくことが大切です。こんもりするように、バランスよく剪定しましょう。

剪定モデル
ラディッシュ（→P61）

剪定前に葉をすべて取り除く

※枝先の葉は手で取り除きにくいので、ハサミで切ります。

高さを1/2に切る

どの枝も太さがあまり変わらないので、樹高をバランスよく1/2くらいに切る。

春の開花

ボリューム感は抜群。ベランダでもたっぷりと花を楽しめる。ポリアンサ系のバラは扱いやすくおすすめ。花が最盛期をすぎたら、ドライフラワーにできる。

剪定後

樹高を1/2に剪定した。

剪定前

秋花開花の時期と比べて、樹高はあまり変わらない。

もっと知りたいQ&A

Q1
鉢植えでおすすめのバラを、
色別で10品種教えてください。

A1
赤：チェリー ボニカ（→P38）
ピンク：ユー ステイシア ヴァイ（→P44）
白：ボレロ（→P37）
黄：ザ ポエッツ ワイフ
紫：カインダ ブルー（→P41）
茶：禅（→P55）
黒（赤紫）：ベルベティ トワイライト（→P46）
ローズ：ガブリエル オーク（→P47）
オレンジ：ラ ドルチェ ヴィータ（→P37）
複色：マチルダ（→P20）

Q2
北海道に住んでいます。
夏剪定の適期を教えてください。

A2
夏でも涼しい地域は秋になると気温が低下して、夏剪定しても咲かずに冬を迎えます。
一番花の後は切り戻しを早めにして、特に強い剪定はしないほうがよいでしょう。

Q3
花が咲いた後、
花がらだけを切るのではなく、
いつも切り戻しをしています。
夏剪定をするどのくらい前から、
切り戻しをやめたほうが
よいのでしょうか。

A3
夏剪定は8月下旬～9月上旬が適期です。二番花が終わって、三番花の蕾が出てきたタイミングで蕾のみ取っておきましょう。シュートが出たらピンチ（→P88）しておくとよいです。

Q4
シュラブの扱いにはいつも悩みます。
構造物に仕立てると花が
たくさん咲いてきれいですが、
誘引が大変です。
木立風に仕立てるには、
どのような品種を選べばよいですか。

A4
木立風に仕立てる場合は、なるべく開花連続性のある品種を選びましょう。たとえば、チェリー ボニカ（→P38）、オマージュ ア バルバラ（→P41）、ジュール ヴェルヌ（→P36）、ガブリエル オーク（→P47）、アンクレット（→P36）などです。コンパクトに仕立てても花つきがよく、1年の間に何度も花を楽しむことができます。

Q5

スタンダード仕立てを
鉢植えで楽しんでいます。
上部にばかり花が集中してしまいます。
ドーム状に咲かせるには、
どうしたらよいのでしょうか。

A5

全体に伸びてきたときの樹形をイメージして、トップを低めに枝を減らし、サイドを短めにするとよいでしょう。常に出てきた枝の向きを見て、整枝してください。枝の長さは短めにピンチしたほうがまとまりがよくなります。

Q6

葉がしおれ、何日かしたら
黄色くなって落ち出しました。
原因は？

A6

それは水切れかもしれません。1日でもすごく乾かしてしまうと、慌てて水を与えても、すぐに葉が黄変して落ちてしまいます。その場合は、根が傷んでいる可能性があります。水やりは、よく土の表面を見て乾いてきたら与え、その後に葉が出てくればもう安心です。真夏なら、半日陰に2週間くらい移動させるのもよいでしょう。

そのときは先端を2㎝くらい切ってあげると回復しやすいです。

※コガネムシ、カミキリムシ、根腐れが原因となる場合もあります。

Q7

剪定後に枝があらわになり、
枝に黒い斑点のようなものが
出ていることに気づきました。
病気になったのか心配です。

A7

冬季に枝にシミができる品種がありますが、生育にはまったく問題はありません。写真は、剪定後のダーシー バッセルです。本書で紹介しているノックアウトや、ピンク ダブル ノックアウト（→P48）も、冬季には同じようなシミができることがあります。また、ベト病、黒星病、うどん粉病にかかった枝もシミになることがあるので、その場合は治療薬で消毒しましょう。

PART
6

鉢バラの花で暮らしを彩る

育てたバラの花を、早めに摘んで活用しましょう。
お部屋に飾ったり、美容アイテムにしたり、
ティーにして楽しむこともできます。

ROSE BOUQUET

ローズ・ブーケ

鉢で育てたバラを早めに摘んで、小さなブーケに。
ちょっとしたプレゼントにもなります。

材料

好みのバラ……6本
ユーカリ……1本
輪ゴム……1本
ピンクの薄紙……20㎝×30㎝
リボン（ピンク／ベージュ）……各1本

作り方

1
バラの枝の下方の葉をすべて手で取り除く。

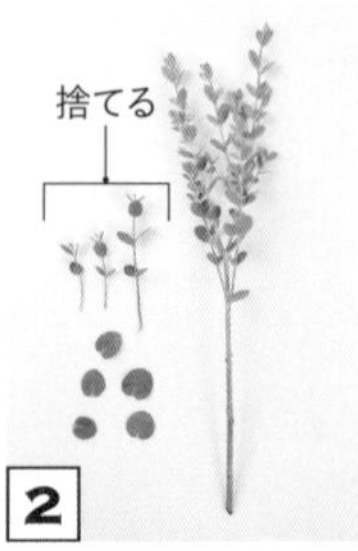

2
ユーカリの枝の下方の葉をすべて手で取り除き、枝を1本1本ばらす。

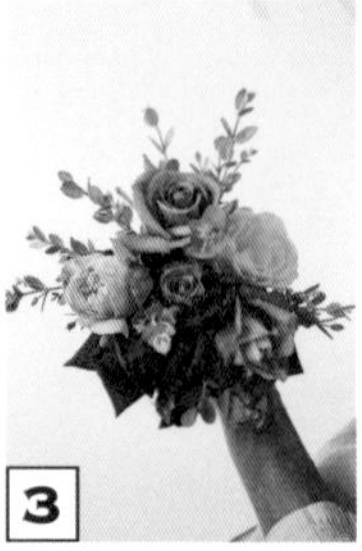

3
バラのすき間にユーカリを加えながら、丸い形にまとめ、輪ゴムで留める。

4
枝の下方を、同じ長さに切り揃える。

5
薄紙でくるみ、ピンクとベージュのリボンを重ねて蝶結びにする。

花を長持ちさせるコツ
高さのある花瓶に水を入れ、バラを30分ほど浸して、切り口や枝から水を吸い上げます。切り口は、水を含ませたコットンで巻き、アルミ箔などで包むと長持ちします。

ROSE BOX

ローズ・ボックス

花々がギュッと詰められて、まるで宝石箱のよう。
お祝いにもふさわしい豪華なサプライズ。

作り方

1

ボックスの内側に、防水のためにビニールを敷く。水に浸したオアシスを入れ、カッターで十文字のガイドラインを引く。

2

主役になる大きなバラを、中心から順に活けていく。

3

バラとバラのすき間を埋めるように、ローズヒップと葉を活けていく。

材料

好みのバラ……10本
ローズヒップ……1本
ミント、アイビー、水引草……各適量
ボックス（縦15㎝×横15㎝×高さ6㎝）……1箱
ビニール……22㎝×22㎝
オアシス（縦14・5㎝×横14・5㎝×高さ5㎝）……1個

ROSE SWAG

ローズ・スワッグ

摘んだバラを束ねて、そのまま壁に逆さまに吊るすだけ。
1か月もすれば、ドライフラワーになります。

材料
ラディッシュ（→P61）……2本
エクレール（→P60）……1本
エレガンテシマ……2本
ユーカリ……1本
ラベンダーの葉……3本
麻ひも……1本
ラフィア……2本

作り方

1
台の上に、エレガンテシマ、ユーカリ、ラベンダーの葉の順にのせる。

2
ラディッシュとエクレールをのせ、根元をまとめる。

3
左右に、エレガンテシマの短い枝を添える。

4
根元を持ったまま、麻ひもでぐるぐる巻きにし、裏側でしっかり固結びをする。

5
枝の下方を同じ長さに切れば、ローズ・スワッグの完成。仕上げにラフィアで蝶結びにする。

ROSE POTPOURRI

ローズ・ポプリ

ポプリは色あせるまで長く楽しめます。
小さな枯れ枝を加えると、精油の香りが定着します。

作り方

1
ボウルにドライローズを入れ、枯れ枝をのせる。

2
枯れ枝にめがけて、ローズ精油をたらす。

3
ガラス棒でよく混ぜ、容器に移す。

材料
ドライローズ……適量
枯れ枝……2〜3本
ローズ精油（市販）……数滴

ドライローズの作り方

材料（作りやすい分量）
ダマスクローズフレッシュ……100g
※無農薬のものを使用します。

作り方
1 耐熱容器に、ダマスクローズの花びらを手でちぎり、平らに並べる。
2 電子レンジ（500W）に1〜2分かけて乾燥させ、冷ます。

ROSE BATH SALT

ローズ・バスソルト

塩の効果で血行が促進され、体がポカポカに。
ローズの甘い香りが広がり、心も体もリフレッシュします。

材料

ダマスクローズドライ……5g
※赤い花色のパパメイアンを彩りに少し加えます。
※作り方（→P157）

天然塩……250g
ローズ精油（市販）……適量
不織布などの小袋……1袋

オーガンジーの小袋……1袋
リボン……1本

作り方

1 ガラスのボウルに天然塩を入れ、ダマスクローズドライを加える。スプーンでよく混ぜる。

2 ローズ精油を加え、スプーンでさらによく混ぜると、ローズ・バスソルトの完成。ふたつきのガラス容器に移す。

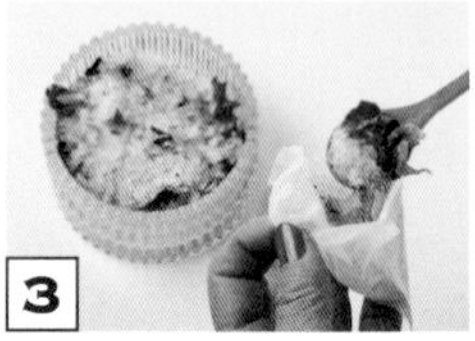

3 不織布などの小袋に、ローズ・バスソルト（小さじ5ほど）を入れ、口を閉める。

4 **3**をオーガンジーの小袋に入れ、リボンで結ぶ。

※入浴直前にバスタブに入れると、お湯にローズの香りが広がります。

注意 バスタブにローズ・バスソルトを入れるときは「追い焚き」などの循環機能は使用しないようにしましょう。給湯器内部が錆びる原因になります。

ROSE STEAM

ローズ・スチーム

摘みたての香りのよいバラに包まれ、
ゆったりくつろげるひとときを。

材料

香りのよいバラ（フレッシュ）……適量
アンクレット（→P36）、プリンセス アレキサンドラ オブ ケント、ジュード ジ オブ スキュアを使用。
※無農薬のものを使用します。

作り方

1 洗面器の深さ3分の1まで、熱湯（適量／分量外）を入れる。

2 バラを並べ、ラップをして2分ほど置く。

3 ラップをはずし、洗面器の上に顔を近づけ、頭からタオルをかぶり、スチームを顔に当てる。

ROSE WATER

ローズ・ウォーター

小じわやたるみが気になる方に。
細胞の働きを活性化し、お肌のバリア機能を高めます。

材料（約50㎖分）

ローズエキス……40㎖
※作り方は下記参照。
ローズビネガー……5㎖
※作り方は下記参照。
グリセリン……小さじ1
ハチミツ……小さじ1
ローズ精油（市販）……1滴

※ローズ・ウォーターは冷蔵庫で保存し、10日～2週間で使い切りましょう。
※肌に合わないと感じたら、使用を中止し、医師に相談してください。

作り方

1

ローズ・エキスに、ローズビネガーを加え、ガラス棒でよく混ぜる。

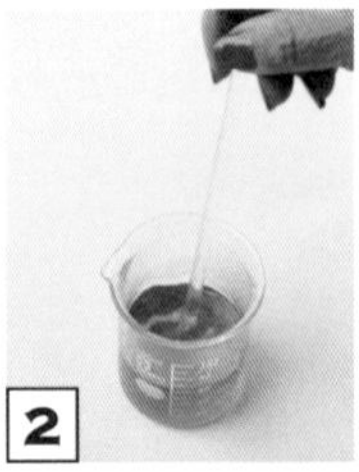

2

グリセリン、ハチミツ、ローズ精油の順に加え、ガラス棒でよく混ぜ、消毒済みの容器に移す。

ローズビネガーの作り方
（作りやすい分量）

1. ガラス瓶（容量200㎖）にダマスクローズ／ドライ（市販）5gを入れ、アップルビネガー100㎖を加え、花びらが完全に浸かっているのを確かめてから、ふたを閉める。
※花びらが空気にふれていると、カビ発生の原因になります。
2. 1週間から10日間、明るく暖かい場所に置いておく。
3. ストレーナーで花びらを漉し、**1**のガラス瓶に戻す。
※冷蔵庫で5～6か月間、保存できます。

ローズ・エキスの作り方
（作りやすい分量）

ガラスポットにダマスクローズ／ドライ（市販）20gを入れる。精製水200㎖を沸騰させて注ぎ、ストレーナーで花びらを漉しながらビーカーに移す。

ROSE SOAP

ローズ・ソープ

丸、ハート、ひし形、四角など、好きな形を楽しんで。
使うたびにほのかに香り、しっとりした洗い上がりです。

材料（4個分）
石けん素地（石けん粉）
…… 250g
ローズ・エキス …… 50㎖
※作り方は下記参照。
ハチミツ …… 大さじ2
ローズの蕾／ドライ（市販）
…… 4個

作り方

ローズ・エキスの作り方
（作りやすい分量）
ガラスポットにダマスクローズ／ドライ（市販）5gを入れる。精製水150㎖を沸騰させて注ぎ、ストレーナーで花びらを漉しながらビーカーに移す。

1
ボウルに石けん素地、ローズ・エキスを入れ、ハチミツを加える。

2
ビニール手袋をして、パン生地をこねるように、生地がまとまるまでよくこねる。

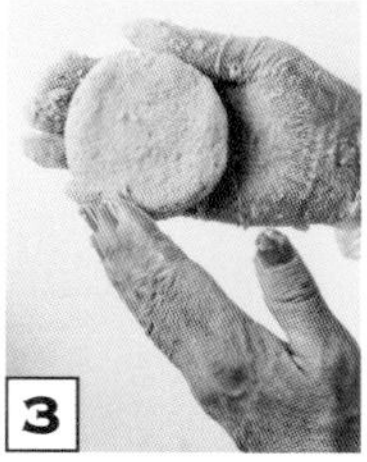

3
生地を4等分にし、ローズ・エキス（適量／分量外）を手水にして、好みの形に成形する。

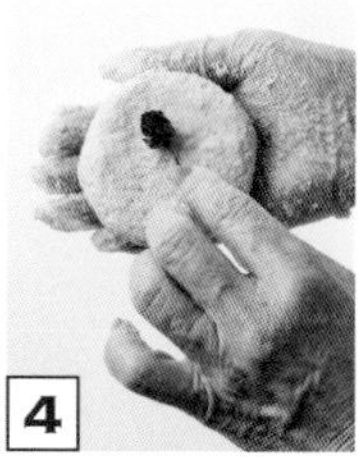

4
表面にローズの蕾を押し当てて飾る。

5
4をザルやかごに並べ、直射日光の当たらない風通しのよい場所に置き、ときどき表裏を返して、1〜2か月間乾燥させる。

FRESH ROSE TEA

フレッシュ・ローズティー

摘み取ったばかりの花びらに、お湯を注ぐだけ。
ローズの香りと味をストレートに味わえます。

材料（2人分）
香りのよいバラ（フレッシュ）
プリンセス アレキサンドラ オブ ケント
パパメイアンを使用 …… 10〜20g
※無農薬のものを使用します。

作り方

1. バラの花びらを手でちぎる。
2. ティーポットに熱湯（適量／分量外）を入れ、温まったら捨てる。
3. 香りのよいバラを入れ、熱湯（400㎖）を注ぎ、3〜5分間置く。
4. ストレーナーで花びらを漉しながら、ティーカップに等分に注ぐ。

ROSE PETAL TEA

ローズペタル・ティー

芳醇な香りのローズペタルに紅茶を加えて、
奥深い香りのハーモニー。

材料（2人分）
ダマスクローズ（ロサ ダマスケナ）／ドライ
……10g
※作り方（→P157）
紅茶の茶葉（ニルギリ）
……5g（小さじ1～2）

作り方

1 ティーポットに熱湯（適量／分量外）を入れ、温まったら捨てる。

2 ダマスクローズと紅茶の茶葉を入れ、熱湯（400㎖／分量外）を注ぎ、3～5分間置く。

3 ティーグラスに等分に注ぐ。

ROSEHIP TEA

ローズヒップ・ティー

淡いオレンジ色の香り高いティーです。
酸っぱいのが苦手な方は、好みで砂糖やハチミツを加えても。

材料（2人分）
ローズヒップドライ……小さじ3
※無農薬のものを使用します。

作り方

1 ティーポットに熱湯（適量／分量外）を入れ、温まったら捨てる。

2 ローズヒップを入れ、熱湯（400㎖／分量外）を注ぎ、10分間置く。

3 ストレーナーでローズヒップを漉しながら、ティーカップに等分に注ぐ。

ローズヒップ（ドライ）の作り方

材料（作りやすい分量）
ローズヒップ（フレッシュ）……20粒
※無農薬のものを使用します。

作り方

1 ローズヒップをナイフで縦半分に切る。
2 種、毛、お尻の黒い部分を取り除き、ナイフで細かく刻む。
3 クッキングシートの上に、**2**のローズヒップを平らに並べ、オーブン（180℃）で5〜10分加熱し、乾燥させる。
※常温で3〜5日間ほど保存できます。

ローズヒップの種類と育て方

ローズヒップが採れる品種は、無農薬でも育てられる強健種です。

アルバ セミプレナ

ロサ カニーナ

ロサ ムリガニー

ロサ ムルティフローラ

ローズヒップの育て方

ローズヒップは品種によって、夏から色づくもの、晩秋から色づくものがあり、形もボール形から涙形、ナシ形といろいろあります。花は一重から半八重咲きで、小輪が多いです。

実のつくバラは「一季咲き種」を選びます。丈夫で育てやすく、初心者にもおすすめです。「一季咲き種」を育てるには、ある程度広い場所で、たっぷりと花を咲かせて、その後に実を楽しみます。鉢植えの場合は、12号以上の鉢を選ぶとよいでしょう。

植える場所（鉢の置き場）は東側を選び、西日を避けます。花が咲いたら花がら摘みをせず、結実させましょう。ローズヒップは食用として使うことが多いので、無農薬で育てます。

結実する頃に暑い夏になるので、日が強すぎると実が焼けて表面が黒くなったり、乾燥して実がしぼんで落ちることもあります。夏の水やりは特に気をつけて、たっぷり与えましょう。

「一季咲き種」の剪定・誘引のコツ

つるバラのように、フェンスなどに下垂させて誘引する。鉢植えでトレリスやオベリスクに誘引する場合は、5㎜くらいの太さの枝まで切り戻す。

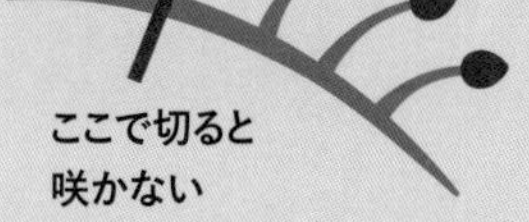

伸びたシュートの先が下垂し、そこから出た小枝に花をたくさんつける。太い部分まで強く切り戻すと、花がつかなくなってしまうので注意が必要。

バラ用語の解説

あ行

秋花（あきばな）

秋に咲く花のこと。四季咲きと返り咲きの咲き方。秋（9月中旬～11月末）に咲き、花数は少ないが、春花より深い色合いで咲く。

一季咲き（いっきざき）

春～初夏に1回だけ咲く性質のこと。クライミングローズに多く、花が咲く回数が少ないため、養分を消耗せず強健な品種が多い。

イングリッシュローズ

モダンローズ（花もちやボリューム）と、オールドローズ（強い香り）をかけ合わせてつくられたバラ。イギリスの育種家である、デビッド・オースチンがつくった品種。

うどん粉病（うどんこびょう）

葉や蕾、枝先などに、白い粉状のカビが生える病気。朝と夜の寒暖差があったり、多肥になるとかかりやすい。

液肥（えきひ）

水で薄めて使う液体肥料のこと。有機肥料と化成肥料がある。即効性があるが、効きめは1～2週間しか持続しない。

枝変わり（えだがわり）

ある枝の遺伝的特徴が突然変異すること。新しい品種として登録されることもある。

大苗（おおなえ）

新苗を半年間農場で育て、鉢上げした苗。秋（10月頃）から枝を切り詰めた苗が流通する。

か行

開花習性（かいかしゅうせい）

1年の間に、大きく分けて4つの咲き方に分類され。開花回数が多い順に、四季咲き性、繰り返し咲き性、返り咲き性、一季咲き性がある。

返り咲き（かえりざき）

春に1回咲き、年数が経った株は初夏～秋にも開花することがある性質。

休眠期（きゅうみんき）

バラは12月末～2月末まで、気温が5度以下になると休眠期に入る。葉が黄変して落ち、活動を休止する。植え替えに適した時期で、根鉢を崩してもよい。剪定・誘引も行われる。

切り戻し（きりもどし）

咲き終わった花の枝を切り、次の蕾が上がってくるのを促すこと。

クライミング

つる性のバラ。構造物に誘引して生長させる。

繰り返し咲き（くりかえしざき）

春・夏・秋に咲く性質。四季咲きより少なく、返り咲きより多く咲く。

黒星病（くろほしびょう）

黒点病ともいう。葉に黒い点ができ、病状が進むと黄変して落葉する。ウイルス（糸状菌）性の病気で感染する。薬剤で治癒すると、進行を止めることはできる。

構造物（こうぞうぶつ）

アーチ、フェンス、トレリス、オベリスクなどのこと。つる性のバラを這わせて、ひもなどで留めつけ、樹形をつくる。

固形肥料（こけいひりょう）

粒状や固形の状態となった肥料のこと。元肥や置き肥として使う、緩効性肥料。即効性肥料もある。

根頭がん腫病（こんとうがんしゅびょう）

根元や枝元に、こぶのような塊ができるウイルス（アグロバクテリウム）性の病気で、感染する。薬剤を使っても治癒しないので、切除して様子を見る。

さ行

サイドシュート

枝の途中から発生する、太くて急速に生長する、みずみずしい枝。

挿し木（さしき）

新しい枝（穂木）を切り、用土に挿して発根させ、苗をつくること。

挿し穂（さしほ）

挿し木をするときに、接ぐための枝。

四季咲き（しきざき）

春（5月）から初冬（11月）まで咲き続ける性質。品種によって、咲く回数は異なる。

シュート

株元や枝の途中から、勢いよく伸びる太めの枝のこと。根に力があると出てくる枝で、樹形を整える主幹となる。

樹形（じゅけい）

枝や葉によって構成される樹木の形のこと。ブッシュ（木立性）、シュラブ（半つる性）、クライミング（つる性）の3種類を基本に、ミニチュア系のバラも加わる。

樹高（じゅこう）

バラの背の高さ。品種によって異なる。

樹勢（じゅせい）

バラの勢い。長い枝・太い枝がよく出ることを樹勢があるという。

シュラブ（S）

半つる性のバラ。ブッシュローズとクライミングローズの中間の性質をもつ。

シリンジ

「葉《は》水《みず》」ともいう。ハダニ予防のために、葉に強いシャワーをかけること。特にダニが潜む葉裏に念入りにかける。

新梢（しんしょう）

新しく伸びた柔らかい枝のこと。シュートも含まれる。

新苗（しんなえ）

前年に芽接ぎや切り接ぎしたものを、春に鉢上げした苗。4～5月に流通する。赤ちゃんにたとえられ、秋まで摘蕾して株づくりを優先する。

節間（せっかん）
節と節の間を指す。節間が長いと徒長し、節間が短いとしっかりした枝になる。

剪定（せんてい）
枝を切って樹高を低くし、枝の更新をして樹形を整えること。バラの剪定は冬剪定が基本だが、夏剪定も行われることが多くなっている。

ソフトピンチ
ハサミを使わず、指で摘み取ること。

た行

台木（だいぎ）
接ぎ木をするときの「台」（根）となる木。強健なノイバラが使われることが多い。

単花咲き（たんかざき）
枝先に1輪ずつ咲くこと。

頂芽優勢（ちょうがゆうせい）
高い位置にある枝先の芽に、優先的に栄養が運ばれて旺盛に育つこと。花芽がつきやすい。

追肥（ついひ）
生育の途中、追加で肥料を与えること。鉢栽培の場合、水やりのたびに肥料が流出するので、1〜2か月に1回くらいのペースで肥料を追加する。

接ぎ木（つぎき）
ノイバラの台木に、挿し穂を接いで、テープで巻いて固定すること。接いだ部分を「接ぎ口」という。

摘蕾（てきらい）
蕾をソフトピンチすること。養分を貯めて、株を充実させる。

は行

ハイブリッドティー（HT）
枝の先に1輪だけ咲く品種。完全四季咲き性の木立性で、花数は少なめだが、大きな花が楽しめる。

鉢植え（はちうえ）
鉢にバラを植えること。鉢植えは簡単に場所を移動することができ、ベランダなどの省スペースでも育てられる。

鉢増し（はちまし）
ひとまわり大きな鉢（6→8号など）に植え替えること。

花がら切り（はながらきり）
咲き終わった花を切ること。花弁の外側が茶色っぽくなったら、花が終わったサイン。養分の無駄使いをしないために、完全にしぼむ前に花首を切り落とす。

花首（はなくび）
花のガクの下から、葉が出ている所まで、その間の部分を指す。

花芽（はなめ）
蕾がつく可能性がある芽。

春花（はるばな）
春に咲く一番花。花数が多く、形が整って美しい花が咲く。

半日陰（はんひかげ）
木もれ日が入る、明るい日陰を指す。

ピンチ
枝先などを切ること。指先で切るのをソフトピンチ、ハサミを使って切るのをハードピンチという。

覆輪（ふくりん）
花弁や葉などに、細い色の縁が入り、より華やかな印象になること。ピコティともいう。

房咲き（ふさざき）
枝先に房になって数輪咲くこと。

ブッシュ
木立性のバラともいう。枝が堅く自立し、四季咲き性のバラ。

ブラインド
枝先に花芽がない状態。そのまま伸ばしても、次の花芽が出てこない。枝先を切ると、花芽がつくことが多い。

フレンチローズ
シュラブローズの樹形のものが多く、オールドローズの強い香りに、四季咲き性と豊かな色彩を併せもつバラ。フランスの育種家によるモダンローズの総称。「メイアン」「デルバール」「ギヨー」などのナーサリーが有名。

ブロッチ
花の中心にブロッチ（アイ＝目）が鮮やかに入る。

フロリバンダ（F）
枝の先に房になって咲く品種。四季咲き性が多く、小中輪から中輪の花が楽しめる。

ベーサルシュート
株元から発生する、太くて急速に生長する、みずみずしい枝。来年の主幹になる枝。

ボーリング
多肥によって外側の花弁が厚くなり、花が開かなくなること。花弁が薄いと、蕾や花が雨に当たっても、花が開きにくくなることがある。

ボタンアイ
小さい花弁が花の中央に集まり、内側に巻き込んでボタンのように見える咲き方。

ポリアンサ
小輪で房咲き多花性（花径3㎝以下）、樹高は80㎝以下のタイプがほとんど。

ま行

ミニチュア
小輪（花径3㎝以下）で葉も小さく、樹高も低いタイプ。

芽かき（めかき）
不要な若い枝を摘み取ること。一か所から複数の芽が出てきたとき丈夫な芽を残し、他の芽はソフトピンチする。栄養が分散せず、いい枝が伸びる。

元肥（もとごえ／もとひ）
植えるときに、鉢の底に入れる肥料。根が伸びてきたら効いてくる。

や行

誘引（ゆういん）
つる性のバラの枝を構造物に這わせ、ひもなどで留めつけること。枝を横に倒すと、頂芽優勢で花つきがよくなる。

バラの索引

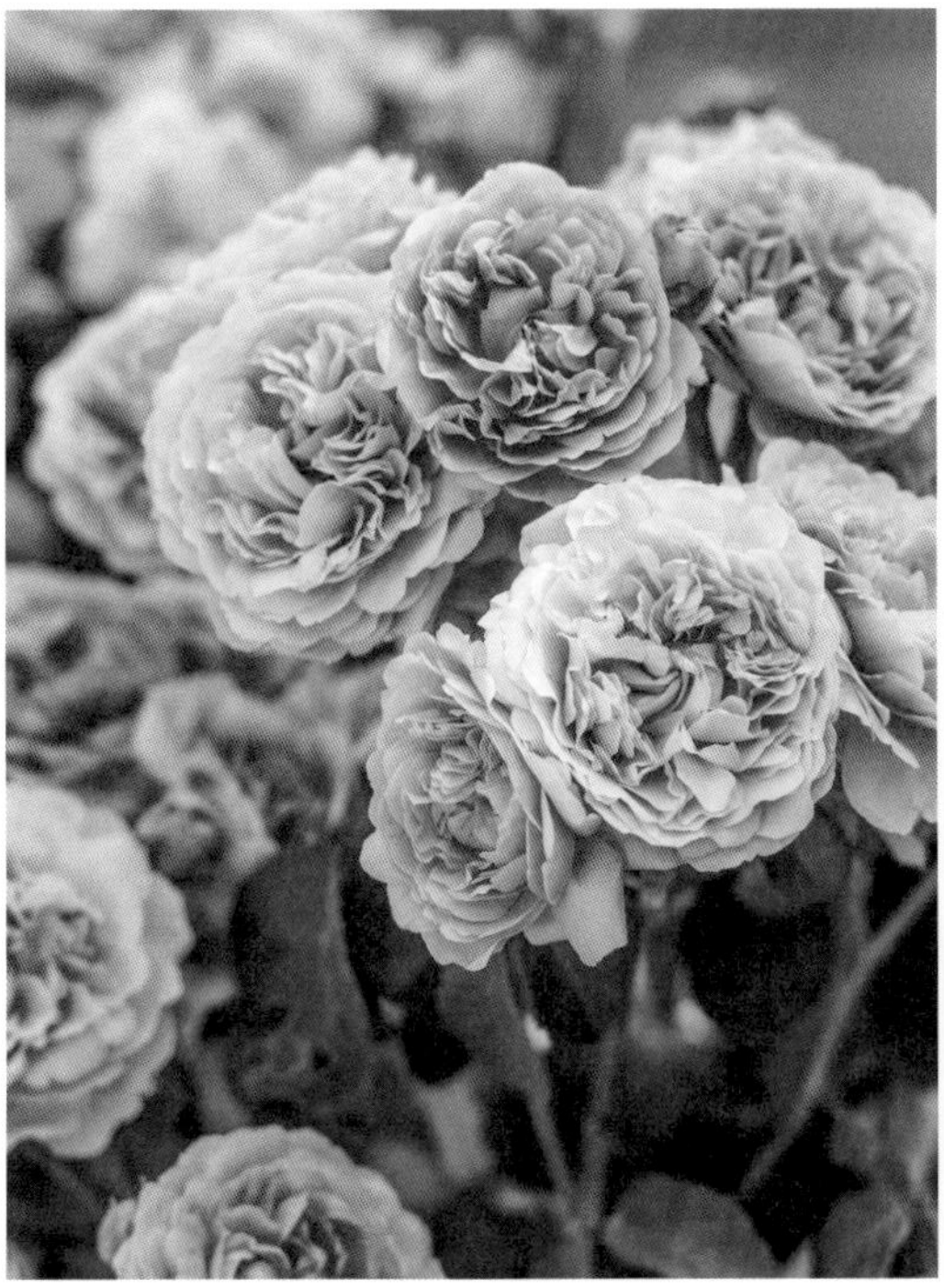

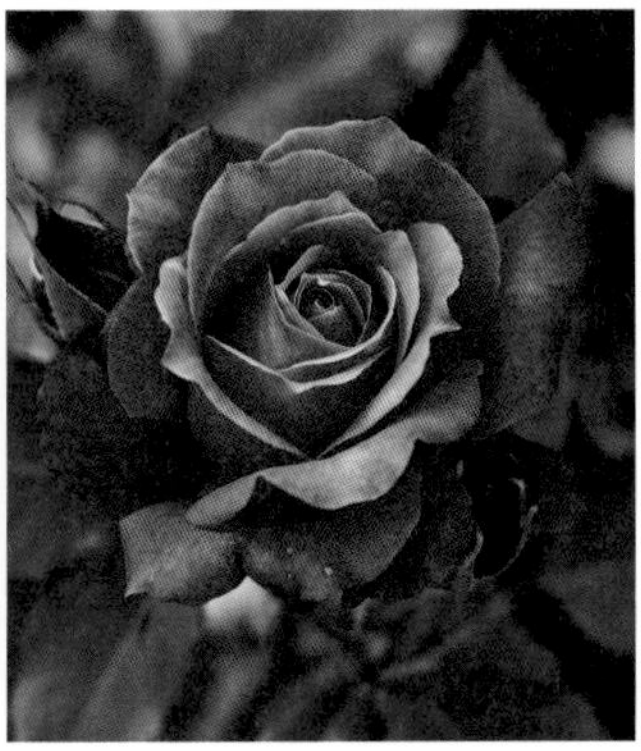

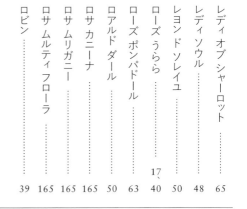

一度は訪れたい

憧れのローズガーデン

日本全国には、それぞれの地域の特性を活かした、
魅力的なローズガーデンがたくさんあります。
その中から一度は訪れてみたいローズガーデンを
厳選してご紹介しましょう。

※2023年7月のデータに基づきます。

いわみざわ公園

北国のバラ園、山の紅葉に秋バラが映える

バラの原種ハマナス(北海道原産)が、6月中旬から10月中旬まで見られる。約40,000㎡の敷地に、約630品種・8,800株のバラが咲く。見頃は6月中旬～7月中旬、9月中旬～10月中旬。山の紅葉を背景にした秋バラは圧巻。2013年から全面無農薬栽培をめざし、植物由来の抽出液を週1回散布している。

〒068-0833 北海道岩見沢市志文町794番地
TEL:0126-25-6111
https://iwamizawa-park.com

花巻温泉バラ園

世界のバラが集まる、宮沢賢治ゆかりの庭園

南斜面の花壇があった場所に、2年の歳月をかけて1960年に、バラを主体にした庭園を開園。約5,000坪の敷地に、約450品種・6,000株を超えるバラが咲き誇る。その中には当園で品種改良され、新品種として認定されたバラもある。花巻市とゆかりの深い、宮沢賢治が設計した「日時計花壇」も見どころのひとつ。

〒025-0304 岩手県花巻市湯本第1地割125
TEL:0198-37-2111
https://www.hanamakionsen.co.jp/rose/

あしかがフラワーパーク

芳しい香りに包まれた「ローズガーデン」

大藤で有名な園内には、「ローズガーデン」と名づけられた庭園があり、赤、黄、オレンジ、青、白と、色鮮やかなバラの花で満たされる。見頃は5月中旬～6月下旬。約500品種・2,500株のバラが咲き競い、心から豊かな気持ちになれる。園内にはドーム型のトレリスも数多く設置され、バラと相性のよいクレマチスが500株も咲き揃う。

〒329-4216 栃木県足利市迫間町607
TEL:0284-91-4939
https://www.ashikaga.co.jp

中之条《なかのじょう》ガーデンズ（旧花の駅美野原）

「景色」として観賞するローズガーデン

7つに分かれたローズガーデンは、セクションごとに雰囲気・香り・空間に変化があり、すべてを五感で楽しめる趣向がなされている。バラの育種家・河合伸志《たかし》氏がプロデュース。バラを主体に草花とのマッチングをめざし、庭全体を「景色」として観賞できる。新しい発想に、心ときめくローズガーデン。

〒377-0433 群馬県吾妻郡中之条町大字折田2411
TEL：0279-75-7111
https://nakanojo-g.jp/

京成《けいせい》バラ園

アミューズメントパークのような庭園

オールドローズから最新品種まで幅広く植栽され、園内を歩くだけでバラのルーツがわかる。約1,600品種・10,000株のバラを植栽。春と秋の開花に合わせ、シーズンイベントを開催。庭園に併設されたガーデンセンターでは、バラ苗を中心に園芸グッズを販売。アミューズメントパークのように一日中楽しめる。

〒276-0045 千葉県八千代市大和田新田755
TEL：047-459-0106
https://www.keiseirose.co.jp/garden/

佐倉草ぶえの丘バラ園

貴重なヘリテージローズが見られる

ヘリテージローズを中心に、約1,250品種・2,500株のバラを植栽。ヘリテージローズとは、古くから愛されてきたオールドローズや、世界の野生種などの貴重なバラのこと。人類の遺産として後世に残し伝えるため、年間を通じてボランティアがバラの栽培・管理に携わっている。ヘリテージローズの講演会も開催。

〒285-0003 千葉県佐倉市飯野820
TEL：043-486-9356
https://kusabueroses.jp

習志野《ならしの》市《し》谷津《やつ》バラ園

興味深いテーマごとにバラを植栽

日本・イギリス・モナコなどの皇室・王室コーナー、有名人の名が冠されたコーナー、新品種コーナーなどがある。さらに、長さ60m・幅4mのつるバラの大アーチ、長さ50m・幅6mのバラのパーゴラなど見応え十分。世界各国のバラ約800品種・7,500株が集まっている。

〒275-0026 千葉県習志野市谷津3丁目1-14
TEL：047-453-3772
http://www.yatsu-rosegarden.jp

都立神代《じんだい》植物公園

3つのエリアで構成されたばら園

シンメトリックに設計されたばら園。最盛期にはバラを一望できる「本園」、鈴木省三氏がバラの育種・改良のために、世界各地から収集された「野生種・オールドローズ園」、未発表の新品種コンクールを行う「国際ばらコンクール花壇」の3つのゾーンに分かれている。約400種類・5,200株 のバラを植栽。「世界バラ会連合優秀庭園賞」を受賞。

〒182-0017 東京都調布市深大寺元町5-31-10
TEL：042-483-2300
https://www.tokyo-park.or.jp/jindai/

花菜《かな》ガーデン（神奈川県立花と緑のふれあいセンター）

園内を歩くだけで、バラの歴史がわかる

野生種から新しいバラまで、約1,300品種が植栽され、関東有数の品種数を誇るガーデン。バラの品種改良の流れに沿って、バラの系統・分類ごとに見られる「歴史園」としての価値も高い。そのほか、ショップやレストラン、ライブラリーもあり、家族で一日中楽しめる。

〒259-1215 神奈川県平塚市寺田縄496-1
TEL：0463-73-6170
https://kana-garden.com

横浜イングリッシュガーデン

美しいローズ・トンネルが出迎える

育種家・河合伸志《たかし》氏がアドバイザーを務める、四季折々の花々で一年中楽しめる英国式庭園。約2,000坪の敷地に、約2,200品種・2,800株のバラを中心に、草花や樹木がちりばめられた「都会のオアシス」。つるバラのローズ・トンネル（約50m）が出迎えてくれる。レストラン、ガーデンショップも併設。

〒220-0024 神奈川県横浜市西区西平沼町6-1 tvk ecom park内
TEL：045-326-3670
https://www.y-eg.jp

国営越後丘陵《こくえいえちごきゅうりょう》公園

新品種のバラの受賞作が見られる

8つのエリアに、約800品種・2,400株を植栽。「香りのエリア」「殿堂入りしたばらのエリア」「日本の野生ばらのエリア」など特色があり、それぞれのバラの魅力が際立つ構成になっている。毎年「国際香りのばら新品種コンクール」が主催され、試作場も設けられていて、新品種の受賞作が見られる。

〒940-2082 新潟県長岡市宮本東方町字三ツ又1950-1
TEL：0258-47-8001（越後公園管理センター）
https://echigo-park.jp

山梨県立フラワーセンター ハイジの村

日本一長い「バラの回廊」で、花を仰ぎ見る

テレビアニメ「アルプスの少女ハイジ」のテーマビレッジ。日本一長い230mの「バラの回廊」は人気のスポット。バラは冷涼な気候の中、鮮やかに咲き誇る。10haの敷地に、約1,200種・7,000本のバラが植栽されている。純白の花嫁を迎える「花の教会」や、スパ&レストラン、ホテル「ハイジの村 クララ館」も併設されており、ハイジの世界にたっぷり浸れる。

〒408-0201 山梨県北杜市明野町浅尾2471
TEL.0551-25-4700
http://www.haiji-no-mura.com

KINGSWEL（キングスウェル）

英国式庭園に整然と咲くバラを観賞

約120品種のバラが咲く、イングリッシュガーデン。サンクン（沈床）式フォーマルガーデンを中心に、ホワイトガーデンなど、バラを美しく彩るガーデン構成になっている。開花時期は5月中旬から。かわいいポニーやヤギがいる他、本格派イタリアンレストラン、パイプオルガンを設置したコンサートホール（収容200名）も備えた複合施設。

〒400-0105 山梨県甲斐市下今井2446
TEL：0551-20-0072
https://www.kingswell.co.jp

山梨県富士川クラフトパーク

イングリッシュローズに特化した庭園

イングリッシュローズを中心に、約130品種・2,900株を植栽。庭園の中心にあるガラス張りのレストランは、すり鉢の底のようになっていて、そこからせり上がるように植栽されているバラを見られる。イングリッシュローズの歴史を知るコーナーもある。「富士川・切り絵の森美術館」も併設されている。

〒409-2522 山梨県南巨摩郡身延町下山1597番地
TEL：0556-62-5545
https://www.kirienomori.jp

軽井沢レイクガーデン

広い湖に囲まれた、端正なローズガーデン

広大な湖を中心に、8つのエリアに分かれるガーデン。高原ならではの冷涼な気候がバラの色を引き立て、素晴らしい景観が楽しめる。バラのエリアでは、イングリッシュローズ、フレンチローズが中心となる。約1万坪の敷地に約400種・3,500株のバラと、宿根草が約300種植栽されている。カフェ、ショップ、レストランが併設されている。

〒389-0113 長野県北佐久郡軽井沢町発地342-59
TEL：0267-48-1608
https://www.karuizawa-lakegarden.jp

ぎふワールド・ローズガーデン

世界最大級の広さを誇るガーデン

敷地面積80.7haもある、世界最大級のバラ園として有名。約6,000品種・20,000株のバラが植栽されている。「ウェルカムガーデン」「オールドローズガーデン」など、エリアごとにテーマが分かれ、一日ではとても見きれないほどのスケール。春と秋には、毎年ローズ・イベントが開催されている。

〒509-0213 岐阜県可児市瀬田1584-1
TEL：0574-63-7373
https://gifu-wrg.jp

デビッド・オースチン・ロージズ イングリッシュガーデン

アーチやオベリスクの配置が素敵

イングリッシュローズのナチュラルな雰囲気を、十分に楽しめるよう構成されたガーデン。アーチやオベリスクのバラの配置が素敵。約200種・3,000株以上のバラが植栽されている。イギリス本社にあるルネッサンスガーデンからインスピレーションを受けてつくられたエリアは、美しい清流の音を聞きながらバラを見ることができる。ギフトショップ併設。

〒590-0524 大阪府泉南市幡代2001 花咲きファーム
TEL：072-480-0031
https://www.davidaustinroses.co.jp

ひらかたパーク ローズガーデン

ノームトレインの上から、ガーデンを眺める

遊園地「ひらかたパーク」内にあるローズガーデン。約600品種・4,000株が植栽されている。見頃は5月上旬～5月下旬、10月中旬～11月下旬。ノームトレインやメリーゴーラウンドなどに乗りながら、ローズガーデンをゆったり眺めることができる。レストランやショップもあり、家族連れで楽しめる。

〒573-0054 大阪府枚方市枚方公園町1-1
TEL：0570-016-855
https://www.hirakatapark.co.jp/rosegarden/

北九州市立響《ひびき》灘《なだ》緑《りょく》地《ち》／グリーンパーク バラ園

福岡県最大級の広さを誇るローズガーデン

すり鉢状の地形を活かし、のり面にもバラを植えることで、バラ園入口の階段上から、奥行きのある風景が楽しめる。公園全体は196ha、バラ園は1.3haあり、約450種・2,700株を植栽。一年を通してバラ講座を開講し、バラにふれながら学び、仲間づくりもできる。春のバラフェアでのライトアップは、幻想的な雰囲気に包まれる。

〒808-0121 福岡県北九州市若松区竹並1006
（北九州市立響灘緑地 グリーンパーク）
TEL：093-741-5545
https://rose.hibikinadagp.org/fair/

コマツガーデン 直営店

ROSA VERTE(ロザ ヴェール)

自社生産のバラ苗には定評があり
全国からお客様が訪れる

緑に包まれた空間をテーマに、バラ専門店として2014年12月、山梨県笛吹市から昭和町へ移転しました。室内植物から庭木、宿根草、バラと、ガーデニング・ショップとしては、かなり充実した品揃えになっています。
店舗まわりには見本ガーデンがあり、5月になるとバラや草花などと身近に接することができ、育てる方々の参考になります。ご希望の方には、スタッフがその場でお庭の相談を受け、アドバイスもいたします。自社生産のバラ苗には定評があり、インターネットでも購入でき、全国発送もしています。

〒409-3862 山梨県中巨摩郡昭和町上河東1323-2
TEL：055-287-8758
定休日：ホームページに記載
営業時間：10：00～18：00
URL：https://www.komatsugarden.co.jp/

❶

❷

❸

❹

❺

❶ROSA VERTEエントランス　❷バラ苗コーナー　❸草花（宿根草）コーナー　❹鉢コーナー　❺フラワーベース・コーナー

著者　後藤《ごとう》みどり

1968年創業のバラ苗専門店「コマツガーデン」の代表取締役、ローズ&グリーンのライフスタイルショップ「ROSA VERTE(ロザ ヴェール)」の代表も兼任する。その傍ら、一般社団法人「日本ルドゥーテ協会」の代表理事も務め、バラと共に緑化を啓蒙する活動を行なっている。
山梨県笛吹市生まれ。1990年に小松孝一郎(父)から、「コマツガーデン」を継承し、デビッド オースチンの生産権を日本で唯一獲得するなど、業務拡張に努めた。
山梨県白州町の豊かな自然の中でバラ苗生産を行い、独自の美意識による新しい品種も次々に発表し、受賞歴もある。さらに、季節ごとにバラをはじめとする植物の栽培教室を開催し、全国での講演も精力的に行っている。著書に『つるバラ』(NHK出版)など多数。

コマツガーデン
https://www.komatsugarden.co.jp

コマツガーデン 直営店ROSA VERTE
https://www.komatsugarden.co.jp/event/index.html

コマツガーデンYouTube
https://www.youtube.com/channel/UCTFgfH3-RAN-KldYM3rl6Xw

撮影協力
京成バラ園芸
キングスウェル
東京ガーデンテラス紀尾井町
赤坂プリンス クラシックハウス
中田 輝
遠藤みどり
八木佐代子

画像提供
デビッド オースチン
住友化学園芸
コマツガーデン

ローズ・ブーケ、ローズ・ボックス指導
望月勇希

ローズ・ソープの作り方指導
清水きく子

紅茶指導・器提供
小泉みどり

モデル
後藤 菜津美　ROSA VERTE店長

STAFF

デザイン　望月昭秀+片桐凜子(NILSON)
撮　影　深澤慎平
大泉省吾
中澤 清
イラスト　ひらい みも
校正　株式会社ぷれす
編集協力　雨宮敦子(Take One)

鉢バラを楽しむ
よくわかる剪定と育て方

著　　者　後藤みどり
発 行 者　池田士文
印 刷 所　大日本印刷株式会社
製 本 所　大日本印刷株式会社
発 行 所　株式会社池田書店
〒162-0851
東京都新宿区弁天町 43 番地
電話 03-3267-6821(代)
FAX03-3235-6672

落丁・乱丁はお取り替えいたします。

ISBN978-4-262-13637-0

[本書内容に関するお問い合わせ]
書名、該当ページを明記の上、郵送、FAX、または当社ホームページお問い合わせフォームからお送りください。なお回答にはお時間がかかる場合がございます。電話によるお問い合わせはお受けしておりません。また本書内容以外のご質問などにもお答えできませんので、あらかじめご了承ください。本書のご感想についても、当社HPフォームよりお寄せください。
[お問い合わせ・ご感想フォーム]
当社ホームページから
https://www.ikedashoten.co.jp/

24008004